"十三五"国家重点出版物出版规划项目
现代机械工程系列精品教材

工程中的计算方法

Computing Methods in Engineering

主　编　宁　涛
副主编　闫光荣
参　编　胡毕富　陈甜甜

机 械 工 业 出 版 社

本书是为理工科大学本科各专业开设的“工程计算方法”或“数值分析”课程编写的教材，主要内容包括绪论、非线性方程、线性方程组、插值、逼近、数值积分、非线性优化和启发式算法。本书介绍了数值算法的基本概念、工程应用背景及应用案例，部分关键算法给出了 C 语言程序，并在每章后附有练习题。全书阐述严谨，脉络分明，深入浅出，便于教学。

本书可作为理工科大学各专业研究生相关课程的教材，可供从事科学计算相关工作的工程技术人员参考。

图书在版编目（CIP）数据

工程中的计算方法/宁涛主编．—北京：机械工业出版社，2020.8（2025.2 重印）

“十三五”国家重点出版物出版规划项目　现代机械工程系列精品教材

ISBN 978-7-111-65796-5

Ⅰ.①工…　Ⅱ.①宁…　Ⅲ.①工程计算-计算方法-高等学校-教材　Ⅳ.①TB115

中国版本图书馆 CIP 数据核字（2020）第 096735 号

机械工业出版社（北京市百万庄大街 22 号　邮政编码 100037）
策划编辑：舒　恬　责任编辑：舒　恬　李　乐
责任校对：张　薇　封面设计：张　静
责任印制：刘　媛
涿州市般润文化传播有限公司印刷
2025 年 2 月第 1 版第 6 次印刷
184mm×260mm · 9.25 印张 · 223 千字
标准书号：ISBN 978-7-111-65796-5
定价：29.80 元

电话服务　网络服务
客服电话：010-88361066　机　工　官　网：www.cmpbook.com
010-88379833　机　工　官　博：weibo.com/cmp1952
010-68326294　金　书　网：www.golden-book.com
封底无防伪标均为盗版　机工教育服务网：www.cmpedu.com

前 言

随着计算机技术的发展，计算机模拟与仿真、系统优化、虚拟现实、机器学习和人工智能等技术在工程中的应用逐步深入，计算技术的重要性日益彰显。为适应技术的发展，提高学生在学习、科研和工程设计中应用数学的能力，工程专业的本科生需要掌握相应的知识和技能：①工程中常用的数学概念和数值计算方法；②综合运用数学知识、计算机技术解决工程问题的能力。目前，大部分介绍计算方法的教材是针对应用数学专业本科生和工程专业的研究生编写的，而本书主要面向工程专业本科生，其雏形是配合北京航空航天大学的飞机数字化设计制造技术课程中有关计算几何、有限元分析等内容编写的教学讲义，历经十多年的教学实践逐步修改而成。教材偏重讲解工程中常用的数值计算方法，主要内容包括：数值计算基本概念（包括误差与浮点数）、非线性方程求解与牛顿法、矩阵的范数与线性方程组的迭代求解、拉格朗日插值、贝塞尔曲线、最佳平方逼近、定积分的计算与变步长积分法、最速下降法、拉格朗日乘子法、遗传算法及粒子群算法等。

本书讲授计算方法中的基础理论，强调理论联系实际，通过实际工程问题，结合 C 语言等编程工具，锻炼学生应用数学知识解决工程问题的能力。本书强调浮点数、算法、迭代等基本概念与方法，突出数值方法中所蕴含的思想，相对淡化专业的数学理论。书中的大部分关键算法都给出了使用 C 语言编写的程序，代码力求简洁。在各章的练习题中，增加了运用编程语言实现通用算法的习题。为使学生了解计算方法的应用，本书加入了多个数值计算在工程中的应用实例。

由于计算方法在工程专业本科生的教学计划中学时较短，也限于编者的水平，本书在内容取舍、编排等方面可能有不妥之处，后期会逐步改进，恳请读者指正。在本书的编写过程中，得到了许多人的支持，陈思宇和王明智对书稿进行了整理，席平、郑国磊、于靖军教授提出了许多宝贵的意见，在此一并表示感谢。

编　者

符号表

$\mathbf{R}$	实数域
$\mathbf{R}^n$	n 维欧氏空间
$\boldsymbol{A}'$	矩阵 $\boldsymbol{A}$ 的转置
$(\boldsymbol{x}, \boldsymbol{y})$	向量 $\boldsymbol{x}$ 和 $\boldsymbol{y}$ 的内积
$\mathrm{rank}(\boldsymbol{A})$	矩阵 $\boldsymbol{A}$ 的秩
$\lvert \boldsymbol{A} \rvert$	矩阵 $\boldsymbol{A}$ 的行列式
$\lVert \boldsymbol{x} \rVert$	向量 $\boldsymbol{x}$ 的范数
$\lVert \boldsymbol{A} \rVert$	矩阵 $\boldsymbol{A}$ 的范数
$\boldsymbol{A}^{-1}$	逆矩阵
$\boldsymbol{A}^{+}$	广义逆矩阵
$\boldsymbol{I}$	单位矩阵
$\forall$	对于任何
$\exists$	存在
δ_{ij}	克罗内克（Kronecker delta），当 $i=j$ 时取 1，否则为 0
(f, g)	函数 $f(x)$ 和 $g(x)$ 的内积
$\nabla f(x)$	函数 $f(x)$ 的梯度
$B_{k,n}(t)$	伯恩斯坦（Bernstein）基函数
$f'(x)$	函数 $f(x)$ 的一阶导数
$f''(x)$	函数 $f(x)$ 的二阶导数
$\boldsymbol{O}$	零矩阵
$\mathbf{0}$	零向量

目 录

第 1 章

绪　论

1.1　算法与时间复杂度

1. 算法的概念

算法是信息科学中的基本概念。20 世纪 60 年代美国计算机科学家 Donald Knuth（唐纳德·克努特）出版了 *The Art of Computer Programming*。该书以各种算法研究为主线，确立了算法的重要性。由于该书的出版，Donald Knuth 于 1974 年获得图灵奖。算法问题看似简单，但实际上很复杂，其中常蕴含深刻的数学原理，并涉及算法设计和数值计算等技巧。

一千多年前，波斯人编著了一部数学著作，论述了印度的十进制计数法等算术知识，后来被意大利人翻译为拉丁文，欧洲人才用上了阿拉伯数字。这就是英文 Algorithm（算法）这个词的来历。算法原指用数字实现计算的过程，现指用计算机解决问题的程序或步骤。出现于欧几里得的《几何原本》和东汉的《九章算术》中的辗转相除法（Euclidean Algorithm）是求两个正整数之间最大公约数的算法，可能是最古老的算法。辗转相除就是反复求余数直到余数为 0。例如，假设要求 60 和 25 的最大公约数，可通过多次使用求余函数 MOD（）计算，过程如下：MOD（60，25）=10，MOD（25，10）=5，MOD（10，5）=0。所以，60 和 25 的最大公约数为 5。图 1.1 所示为用辗转相除法计算正整数 A、B 最大公约数的算法流程图。

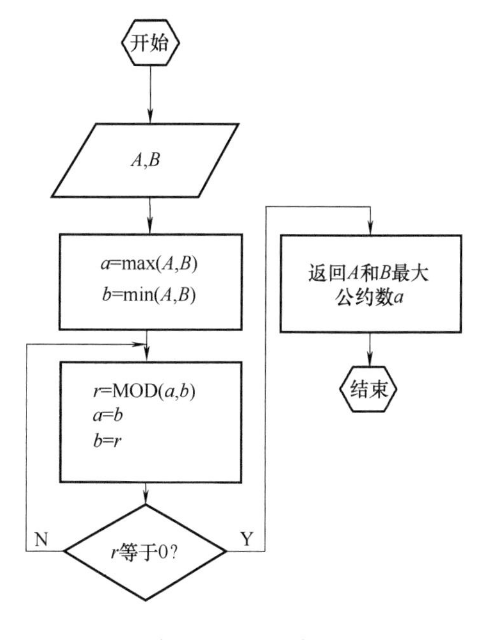

图 1.1　辗转相除法的算法流程图

如同建筑设计、产品制造等活动总需要一些工程图样一样，在生产实际中常需要进行算法设计。解决工程计算问题的一般过程为：工程问题→数学模型→算法设计→程序实现。有些简单算法仅与常见数据结构有关，如冒泡排序法等，有些算法则基于数学或物理原理，并依赖数值计算技巧。

平面区域和空间曲面的三角剖分在CAD、CAM、CAE等工程领域中有非常广泛的应用。给定平面上一个点集，如图1.2a所示，存在一种三角剖分，使三角形的最小角达到最大，称为Delaunay剖分。如何实现这种剖分呢？这就要说到俄国数学家Voronoi的发现——Voronoi结构，它在自然界中普遍存在。假设平面上有n个点P_i，这些点将平面分为n个区域Ω_i，Ω_i内的点到P_i的距离比到P_j的距离近，i不等于j，如图1.2b所示。Delaunay三角剖分是Voronoi图的对偶图，如图1.2c所示。Voronoi结构的边是相邻顶点的垂直平分线。图1.3给出了三角剖分的应用实例。

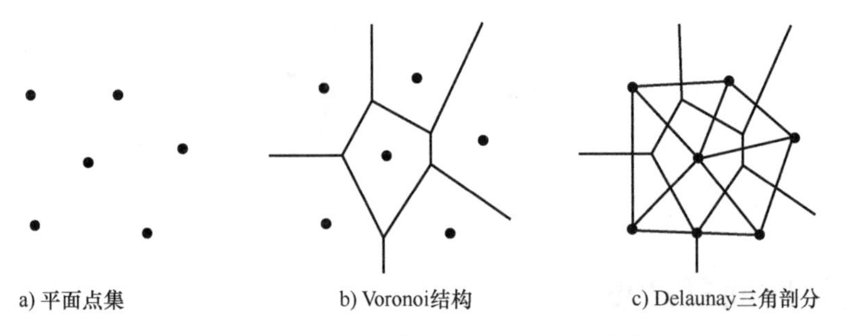

a) 平面点集　　b) Voronoi结构　　c) Delaunay三角剖分

图1.2　Voronoi结构与Delaunay三角剖分

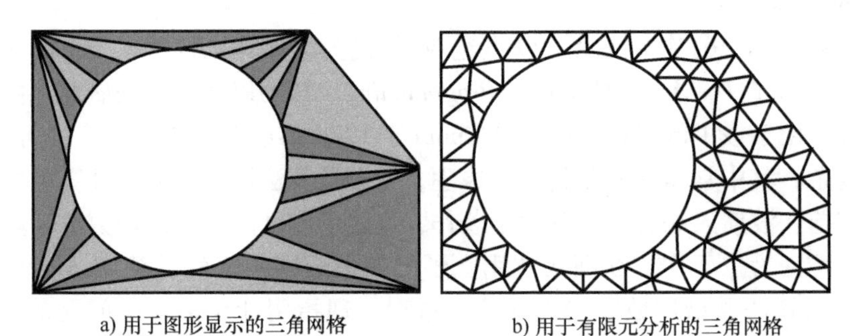

a) 用于图形显示的三角网格　　b) 用于有限元分析的三角网格

图1.3　三角剖分的应用实例

什么是算法？很难给出一个完整的、明确的定义。简单来说，**算法**就是满足下列条件的一系列计算步骤：

（1）**有限性**　有限步内必须停止。

（2）**确定性**　每一步都是严格定义和确定的动作。

（3）**可行性**　每一个动作都能够被精确地机械执行。

（4）**输入**　有一个满足给定约束条件的输入。

（5）**输出**　满足给定约束条件的结果。

2. 如何评价算法

对于一个算法，一般须进行如下几个方面的分析：

（1）**正确性**　如果一个算法对于每个输入都最终停止，而且给出正确的输出，则认为该算法是正确的。需要注意的是，调试程序不等同于对程序正确性的证明，调试程序只能证明程序有错误，不能证明程序正确。

（2）**复杂性**　运行一个算法总要消耗一定的时间、占用一定的内存，具体耗费多长时间和占用多大内存与输入规模有关。算法的资源占用量与输入规模构成函数关系，该函数就是算法的复杂度。一般不考虑算法的具体运行环境，仅从时间和空间两方面定性地分析算法的复杂度。

（3）**稳定性**　稳定性是指对各种可能的输入，算法能够给出合理的输出。

（4）**可读性**　可读性是指算法的各步骤要容易被人理解。

3. 算法的时间复杂度

用记号 $O()$ 定性地表示算法的**时间复杂度**。例如，一个算法的时间复杂度为 $O(n)$，表示该算法的原子操作总数与输入规模 n 成正比。一次加、减、乘、除、赋值等运算都可以看作是一次原子操作。算法的原子操作总数是输入规模 n 的函数，记为 $f(n)$。例如，如果 $\lim\limits_{n\to\infty}\frac{f(n)}{n^2}=C$，其中 C 为常数，则称该算法的时间复杂度为 $O(n^2)$。

考虑计算两个 n 阶矩阵乘积的算法，假设矩阵 $\boldsymbol{A}=(a_{ij})$，$\boldsymbol{B}=(b_{ij})$，$\boldsymbol{C}=\boldsymbol{AB}=(c_{ij})$，则根据矩阵乘法的定义，$c_{ij}=\sum_{k=1}^{n}a_{ik}b_{kj}$，算法通过 3 次循环语句完成计算（见算法 1.1），所以算法的计算量与 n^3 成正比。因此，该算法的时间复杂度为 $O(n^3)$。

算法 1.1　矩阵乘法

```
Input:矩阵阶数 n,A = (a_ij),B = (b_ij)
Output:C = (c_ij)
Begin
    For i←1 to n,do
        For j←1 to n,do
            c_ij←0.
            For k←1 to n,do
                c_ij←c_ij + a_ik × b_kj
            End For
        End For
    End For
End
```

当 n 很大时，有不等式 $\log_2 n<n<n\log_2 n<n^2<n^3<2^n<n!$。多项式级的复杂度远远小于指数级的复杂度，如图 1.4 所示。

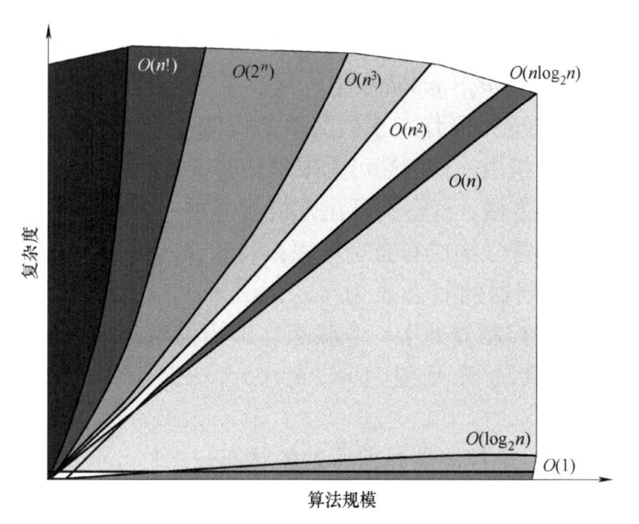

图 1.4　不同量级的算法复杂度

算法就是一系列的计算步骤，具体表现出来可以是一段自然语言、伪代码、程序，或者一个程序框图。简单算法只有几行代码，复杂算法可能需要调用其他成百上千个子算法。算法与控制论中的黑箱子（black box）（见图 1.5）、数学中的变换、C 语言中的函数等对象有一定的相似性。常用标准流程图的形式描述算法，流程图中各图形的含义见表 1.1。

图 1.5　算法可看作变换或函数

表 1.1　算法流程图中各图形的含义

图形	名称	含义
	开始	算法开始及算法初始化
	数据	输入、输出的数据
	处理	算法处理过程
	判断	算法判断过程
	流程线	处理顺序关系
	终止	算法终止

1.2　图灵机与可计算性

图灵机（Turing Machine）是解决计算问题的一个抽象模型。一般认为，可通过算法解决的问题等价于能用图灵机解决。从图灵机的角度看，算法就是图灵机上运行的程序，Jack Edmonds 提出评价一个算法优劣的标准是该算法的时间复杂度是否是多项式级别的。

图灵（Alan Turing）在 1936 年发表的论文 *On Computable Numbers, with an Application to the Entscheidungs problem* 中，提出了一个抽象的计算模型，即图灵机模型，其核心思路是将计算（推理）看作一系列简单的机械动作。

图灵机由一根两端可无限延长的纸带和一个有读写头的控制器组成，如图 1.6 所示。纸带分成相同方格，读写头可在方格上书写一个符号。这些符号构成有穷字母表：$\{a_0, a_1, \cdots, a_m\}$。控制器的状态表为 $\{s_0, s_1, \cdots, s_n\}$，每一时刻控制器处于一个状态，即当前状态。指令定义为五元组（s_i，a_j，a_k，x，s_e），其中：

1）s_i 是控制器目前所处的状态；

2）a_j 是读写头从方格中读入的符号；

3）a_k 是用来代替 a_j 写入方格中的符号；

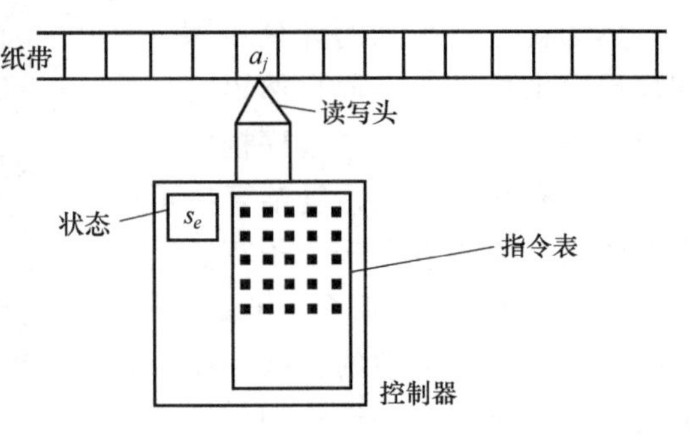

图 1.6　图灵机

4）x 为 R、L、N 标志之一，该三个标志分别表示控制器向右移一格、向左移一格和不移动；

5）s_e 是控制器的后续状态。

图灵机有六个元操作：①读当前符号；②写当前符号；③左移一格；④右移一格；⑤改变控制器的当前状态；⑥停止。

图灵机运行前，输入记录了符号串的初始纸带，纸带上某一特定的方格被置于读写头之下，控制器先处于初始状态。图灵机依照控制器内设定的"程序"（称为状态转换表，即指令表）运行：根据读写头读取的当前符号和控制器的当前状态，查找指令表得到对应的指令；依据该指令确定：①要写入的符号；②控制器向左或右移动一格（或不动）；③控制器更新状态。这一系列操作称为图灵机运行的一步。当运行终止时，纸带上的符号串就是输出数据。

计算复杂性理论发源于 20 世纪 60 年代，理论基础就是图灵机。如果问题无法在多项式时间（即时间复杂度为多项式级别）内被图灵机解决，则称该问题为难解问题。对于一个问题，如果存在一个**求解**该问题的算法，且该算法的时间复杂度为多项式级的，则称该问题为 **P 问题**；对于一个问题，如果存在一个**验证**问题的解是否正确的算法，且该算法的时间复杂度为多项式级的，则称该问题为 **NP 问题**，如图 1.7 所示。

"NP = P 还是 NP > P?"这个问题是美国 Clay 数学研究所 2000 年提出的悬而未决的千禧年七大数学问题之一。

下面介绍两个典型的 NP 问题：

（1）旅行商问题（Traveling Salesman Problem，TSP）　旅行者寻求由起点出发，通过所有给定的城市后，回到起点的最短路径（见图 1.8）。对于有 n 个城市的旅行商问题，所有可能路径共 $(n-1)!$ 个，通过遍历所有路径得到最优解的算法复杂度是 $O(n!)$。该类问题一般用启发式算法求解。启发式算法是指基于直观、经验或自然现象构造的求解问题的算法，如遗传算法、模拟退火算法等。有文献指出，蜜蜂是解决旅行商问题的专家。

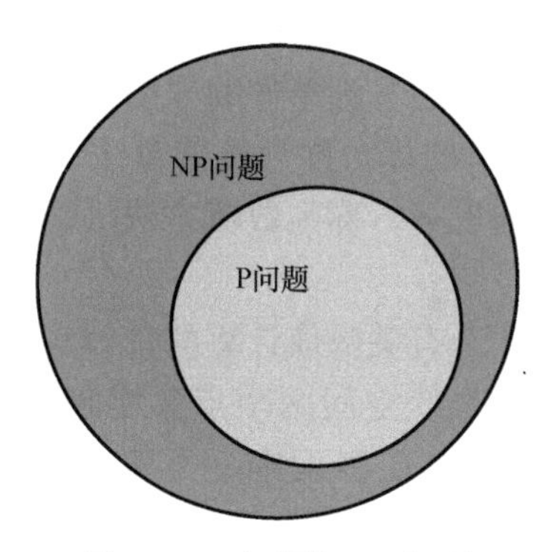

图 1.7　P 问题与 NP 问题

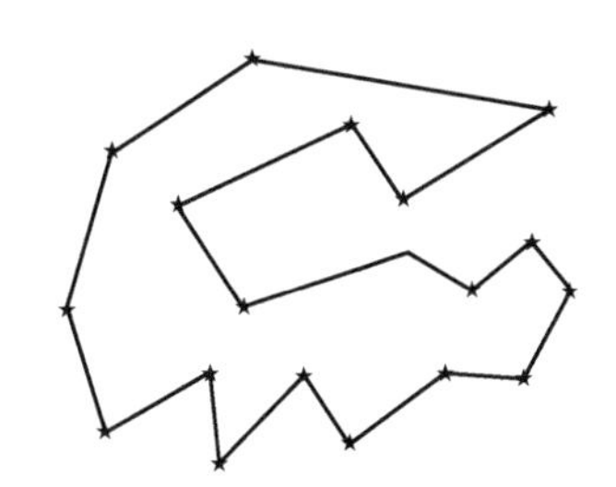

图 1.8　旅行商问题

（2）背包问题（Knapsack Problem）　给定若干有一定质量和价值的物品和一个背包，放入背包的物品总质量有确定的上限，如何挑选物品放入背包使背包中的物品总价值最大（见图 1.9）。该问题是一种组合优化问题，解决该问题的算法具有重要的应用价值。可用动态规划方法求解背包问题，此处不详述。

以图灵机为理论模型，提供计算能力的硬件平台包括小型机、大型机、PC 机、个人工作站、巨型机、移动终端及 GPU（Graphics Processing Unit，图形处理器，如图 1.10 所示）、Google 的 TPU（Tensor Processing Unit，张量处理器）等高性能计算（High Performance Computing）平台。随着硬件技术日新月异，实现计算功能的数学方法也迅猛发展，除了传统的数值计算方法，20 世纪末涌现出遗传算法等启发式算法，近年来深度学习算法更是得到了迅猛发展。基于高性能计算的**模拟仿真**是继理论研究和实验验证之后，人类研究活动的第三类方式。“计算”（Computing）已逐步渗透到生产、社会生活的各个层面。

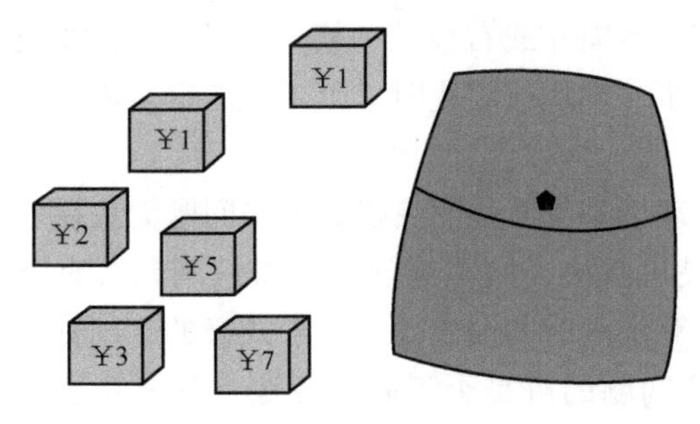

图 1.9　背包问题

图 1.10　Tesla C1060 图形处理器

1.3　什么是数值计算

美国计算机科学家约翰·麦考密克（John MacCormick）在他 2013 年出版的书《改变未来的九大算法》中列举了几种影响人类社会的算法：搜索引擎、网页排名（PageRank）、公开密钥加密、纠错码、模式识别、数据压缩、数据库、数字签名等。这本简单的科普书启示了算法的重要性。事实上，重要的算法还有很多，仅以机械制造领域为例，20 世纪七八十年代的数控系统中的运动控制算法、CAD 系统中的曲面、实体造型算法、特征造型算法等都是该领域的关键算法。近几年快速发展的机器学习、人工智能算法，是机器人、无人驾驶汽车、无人机等领域的核心技术。在实际应用中，由于各种条件的限制，一般总是寻求工程问题的近似解，而非解析解（精确解）。求解近似解的算法称为**数值算法**，相关计算就是数值计算。实现数值计算的基本方法，例如插值和逼近等，称为**数值方法**（Numerical method）或计算方法。

本书讲授数值计算中的基本方法。下面给出几个有关数值计算的具体实例。

（1）**ICP**（迭代最近点）**算法**　该算法目标是使空间两个点集实现最佳重合，方法是通过多次旋转、平移一个点集使之与另一个点集逐步配准，配准的目标函数是最近距离点对的距离的平方和，即 $g(\boldsymbol{R},\boldsymbol{T}) = \sum_{i=0}^{n-1} \| \boldsymbol{P}_i - (\boldsymbol{R}\boldsymbol{Q}_i + \boldsymbol{T}) \|^2$ 达到最小，其中 $\boldsymbol{R}$、$\boldsymbol{T}$ 分别是旋转矩阵和平移矢量。要求解这个优化问题，就要涉及各种数值计算中的基本方法。ICP 算法广泛应用于光学、影像测量设备及其相关的软件系统，如图 1.11 和图 1.12 所示。

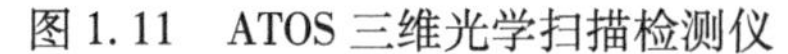

图 1.11　ATOS 三维光学扫描检测仪

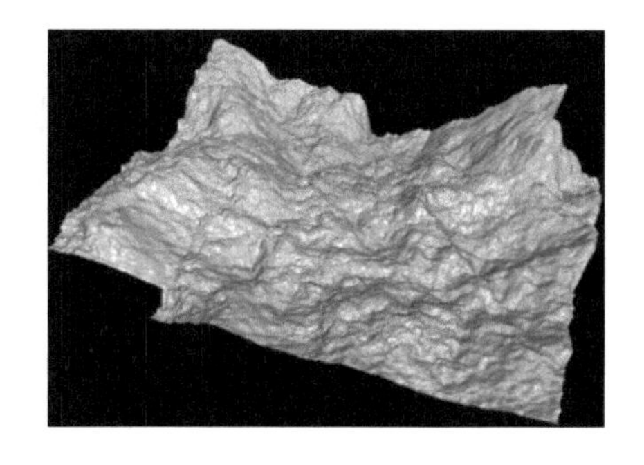

图 1.12　点云配准

（2）**三维几何建模与仿真**　CAD 造型过程中涉及对大量的曲线和曲面进行插值、优化、求交等操作。其中，求交就是判断曲线、曲面之间的交点，本质就是求解非线性方程组。其他部分应用如图 1.13 ~ 图 1.17 所示，它们都以数值计算为基础。

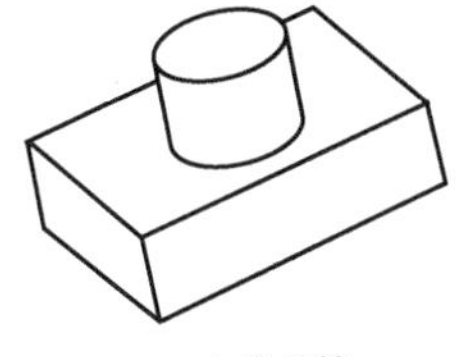

a) 裁剪前

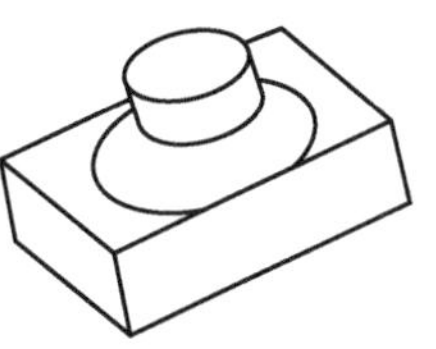

b) 裁剪后

图 1.13　过渡曲面的边界裁剪

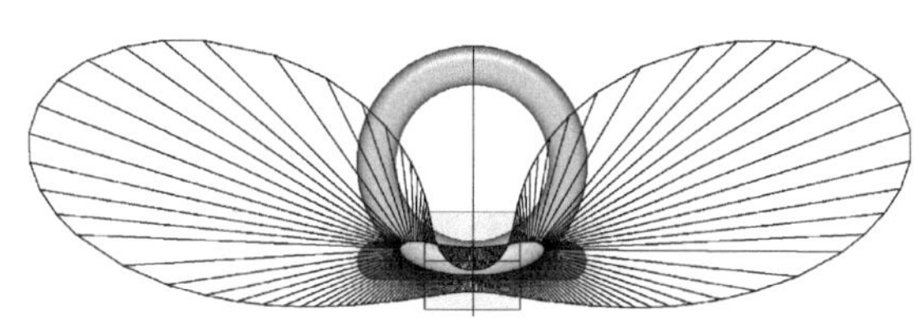

图 1.14　两圆环面垂直相交（有切圆）的交线曲率梳

（3）**草图求解**　在三维特征造型过程中，大约 80% 的时间用于绘制草图，提高草图绘制效率的关键技术就是参数化草图求解技术，即将尺寸约束、几何约束转化为非线性方程组，再用各种特殊方法求解非线性方程组。图 1.18 所示为约束求解器 DCube 应用于 SOLIDWORKS 等 CAD 系统。

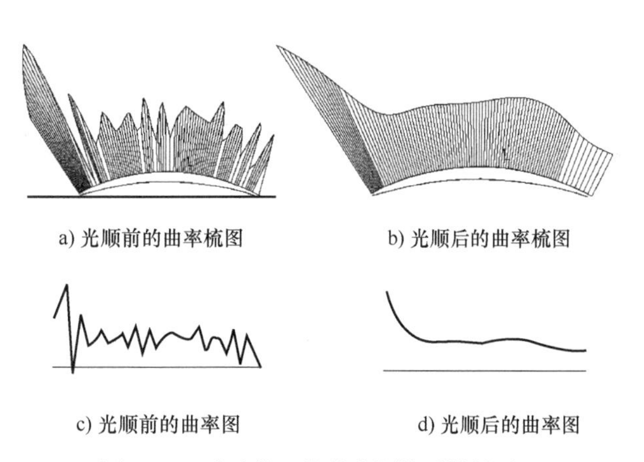

a) 光顺前的曲率梳图　b) 光顺后的曲率梳图

c) 光顺前的曲率图　d) 光顺后的曲率图

图 1.15　叶片截面线的光顺前后效果对比

（4）**线性规划**　线性规划就是求解满足多个不等式约束的目标函数为线性函数的优化问题。美国数学家乔治·伯纳德·丹齐格（George Bernard Dantzig）于 1947 年提出了求解线性规划问题的**单纯形算法**（Simplex algorithm）。单纯形是 n 维空间中的由 $n+1$ 个顶点构成的凸包（凸包中任何两点的连线包含于该凸包），如一维直线上的一个线段，二维平面上的一个三角形，三维空间中的一个四面体等都是单纯形。线性规划中的不等式约束实际上定义了一个凸包，线性目标函数的最优值一定在顶点处取得，所以，其优化过程就是从一个顶点到另一顶点，不断寻找最优值。图 1.19 所示是两个变量的线性规划问题对应的几何图形。

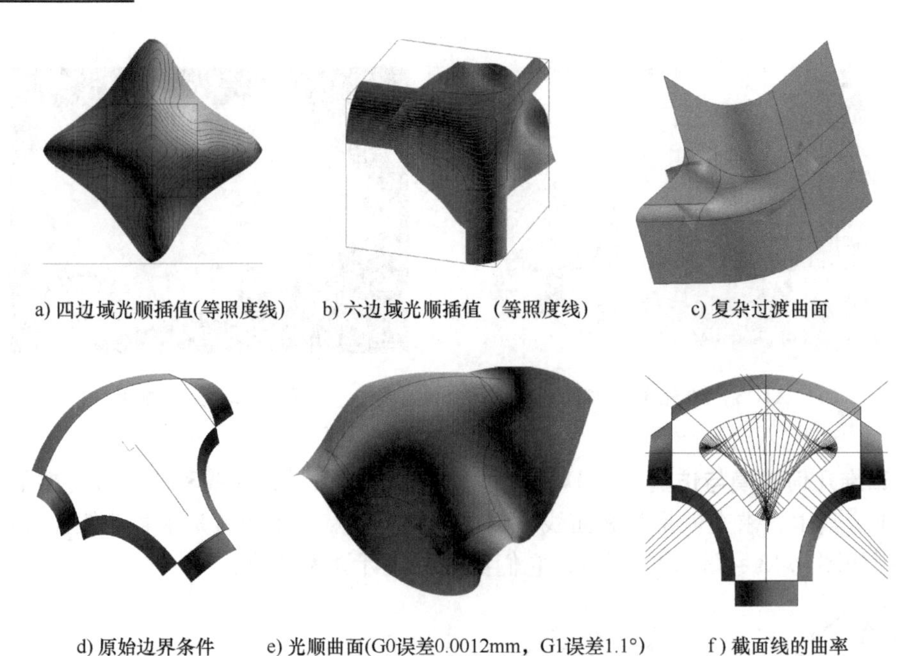

a) 四边域光顺插值(等照度线)　b) 六边域光顺插值（等照度线）　c) 复杂过渡曲面

d) 原始边界条件　e) 光顺曲面(G0误差0.0012mm，G1误差1.1°)　f) 截面线的曲率

图 1.16　曲面填充（插值与光顺）

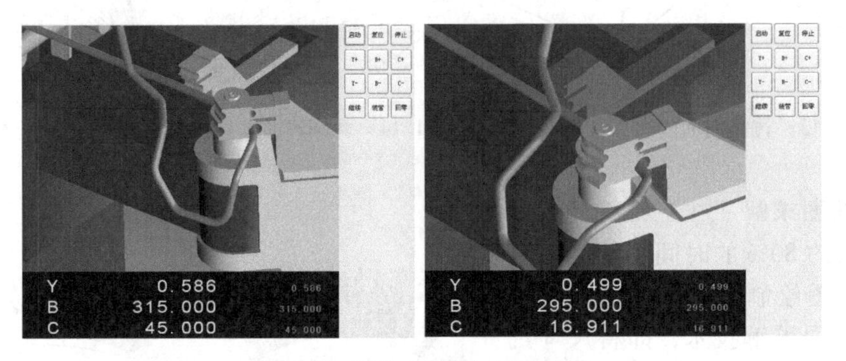

图 1.17　管件的弯制与干涉仿真

（5）**非线性优化**　非线性优化就是求解约束条件或目标函数为非线性函数的优化问题。钻孔问题：目的是钻 n 个孔 P_0，P_1，…，P_{n-1}，使总路径 L 最短，就是要得到 n 个孔的一个优化排序，如图 1.20 所示。优化下料问题：分线材、矩形、异型等情况，图 1.21 所示是钢格板优化下料工艺图，图 1.22 所示是玻璃切割优化下料工艺图。五坐标数控加工编程算法中的刀轴姿态计算也是非线性优化问题，如图 1.23 所示。

在实际工程中，存在大量的数值计算问题，可以说举不胜举。还有很多应用，如图像识别（文字、指纹、人脸）、数据压缩、加密、数据挖掘、计算机视觉、自然语言处理、机器学习等，都涉及数值计算中的基本方法。20 世纪中期，随着计算机的诞生与发展，计算方法也得到飞速发展，并与各学科交叉渗透，形成了计算物理、计算化学、统计物理学、计算几何、计算生物学、计算流体力学等。2008 年美国国家科学基金会（NSF）宣布将投资 1600 万美元用于建立国立数学生物学综合研究所（NIMBioS）。NSF 为此专门启动了一项“定量的环境与整合生物学”项目。美国国立卫生研究院（NIH）也设立了一项“计算生物学”的重大项目。

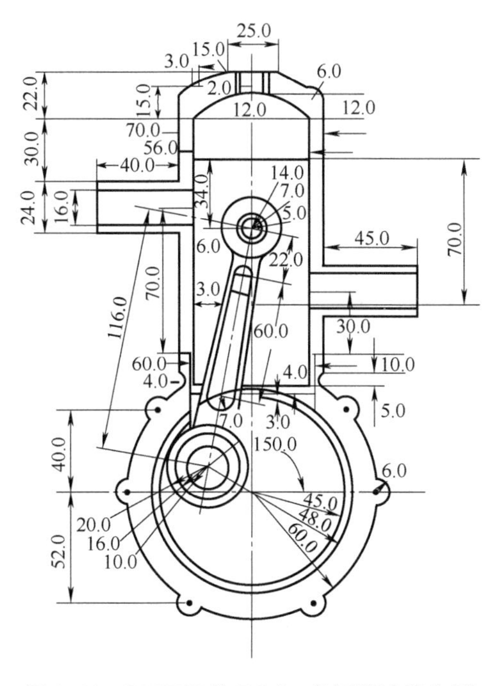

图 1.18　SIMENS 的 DCube 求解器计算实例

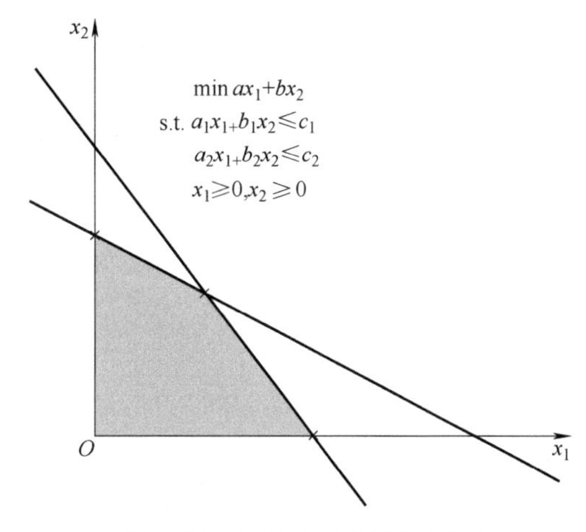

图 1.19　两个变量的线性规划

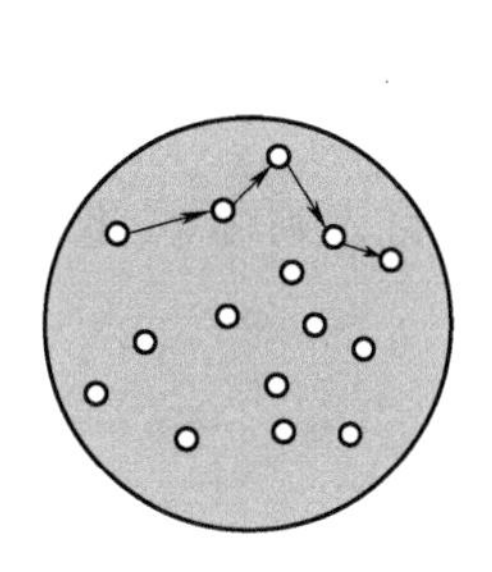

图 1.20　钻孔加工

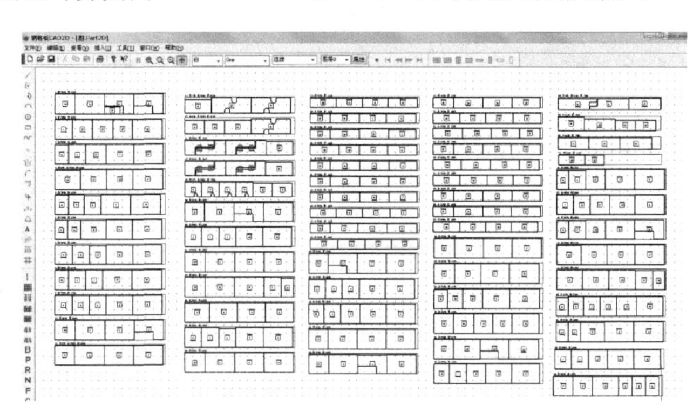

图 1.21　钢格板工艺优化排料图

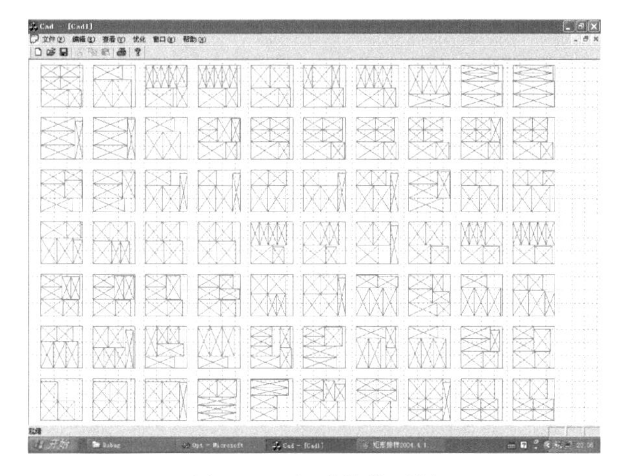

图 1.22　矩形优化下料

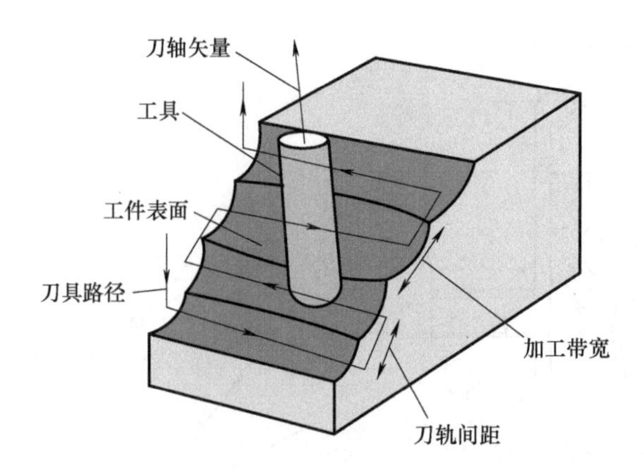

图 1.23 宽行加工中的刀轴矢量优化

1.4 误差与浮点数

误差是数值计算中的基本概念。某个量的近似值 x^* 与真实值 x 之差称为误差。

定义 1.1 **绝对误差**是指精确值 x 与其近似值 x^* 之差，将 x^* 的绝对误差表示为 $e=x^*-x$。若 $|x^*-x|\leqslant\varepsilon$，称 ε 是近似值 x^* 的**绝对误差上限**。

定义 1.2 称$\frac{e}{x}=\frac{x^*-x}{x}$为近似值 x^* 的**相对误差**，记作 e_r。若 $|e_r|\leqslant\varepsilon_r$，称 ε_r 为近似值 x^* 的**相对误差上限**。在实际应用中，有时可用 x^* 来替代 x，即 $e_r=\frac{e}{x^*}=\frac{x^*-x}{x^*}$。

定义 1.3 若近似值 x^* 的误差上限是$\frac{1}{2}\times10^{-n}$，其中 n 是正整数，则称 x^* 准确到小数点后 n 位，从第一个非零的数字到该位的所有数字称为**有效数字**。

【例 1.1】 设 $\pi\approx3.14159265$，求其近似值 $x^*=3.1416$ 的有效位数。

解：近似值的误差上限为

$$e=x^*-x=3.1416-3.14159265=0.00000735<0.00005=\frac{1}{2}\times10^{-4}$$

则 3.1416 的有效数字为 $1+4=5$。

下面给出有效数字与误差的关系。若 x^* 有 n 位有效数字，其标准形式为 $x^*=\pm(a_1.a_2\cdots a_n)\times10^m$，其中“.”是小数点，例如 123.4 表示为 1.234×10^2，则有 $\varepsilon=|x-x^*|\leqslant\frac{1}{2}\times10^{m-n+1}$，且其相对误差上限 $\varepsilon_r\leqslant\frac{1}{2a_1}\times10^{-(n-1)}$。

利用泰勒（Taylor）公式讨论函数 $f(x)$ 的误差与 x 的误差之间的关系。设 x^* 是 x 的近似值，且有绝对误差上限 $|x^*-x|\leqslant\varepsilon$。如果 $f(x)$ 可微，则有 $f(x)-f(x^*)=f'(x^*)(x-x^*)+\frac{f''(\xi)}{2}(x-x^*)^2$，$\xi$ 介于 x 与 x^* 之间，于是 $|f(x)-f(x^*)|\leqslant|f'(x^*)|\varepsilon+\frac{|f''(\xi)|}{2}\varepsilon^2$。

绪对误差上限的四则运算公式为

$$\varepsilon(x_1^* \pm x_2^*) \leqslant \varepsilon(x_1^*) + \varepsilon(x_2^*) \tag{1.1}$$

$$\varepsilon(x_1^* x_2^*) \leqslant |x_1^*|\varepsilon(x_2^*) + |x_2^*|\varepsilon(x_1^*) \tag{1.2}$$

$$\varepsilon\left(\frac{x_1^*}{x_2^*}\right) \approx \frac{|x_1^*|\varepsilon(x_2^*) + |x_2^*|\varepsilon(x_1^*)}{|x_2^*|^2}, x_2^* \neq 0 \tag{1.3}$$

以乘积的绝对误差上限为例分析公式（1.2），则有

$$\begin{aligned}\varepsilon(x_1^* x_2^*) &= x_1^* x_2^* - x_1 x_2 \\ &= x_1^* x_2^* - x_1^* x_2 + x_1^* x_2 - x_1 x_2 \\ &= x_1^*(x_2^* - x_2) + x_2(x_1^* - x_1)\end{aligned}$$

故

$$|\varepsilon(x_1^* x_2^*)| \leqslant |x_1^*||x_2^* - x_2| + |x_2||x_1^* - x_1|$$

在上面的推导过程中，用 x_2^* 近似地替代 x_2 得到对应的公式

$$|\varepsilon(x_1^* x_2^*)| \leqslant |x_1^*|\varepsilon(x_2^*) + |x_2^*|\varepsilon(x_1^*)$$

误差分为下面几类：

（1）**模型误差**　工程问题转化为数学模型时产生的误差（比如由复杂现象、物理原理的简化而导致的误差）。

例如人体模型在动画、仿真等领域有重要应用。通常将人体模型的关节简化为球形（见图1.24），旋转时需附加一定的角度限制。由于人体关节非常复杂，这种简化必然会导致误差的存在，这就是模型误差。

（2）**测量误差**　测量物理量等数据时，由于测量设备的精度有限所导致的误差。

例如各种观测设备都有误差（见图1.25），如接触式三坐标测量机的误差可能是几微米，激光测量机误差可能是十几微米，光学测量机误差可能是100μm左右。这类误差就是测量误差。

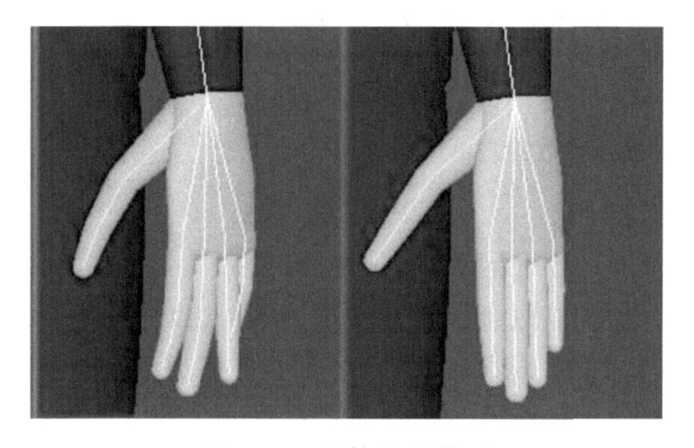

图1.24　人体骨骼模型

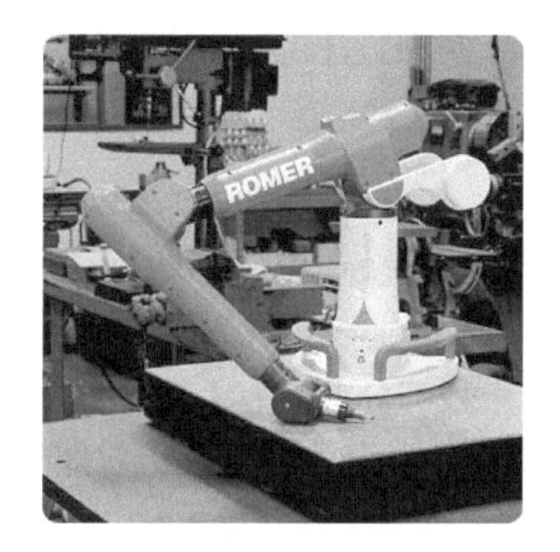

图1.25　便携式关节臂测量误差0.02mm

（3）**截断误差**　在设计算法时，经常要进行近似处理（如取泰勒展开的前有限项等），这样必然引入一定量级的误差。

例如对函数 $f(x)$ 实施泰勒展开，用多项式 $P_n(x) = f(0) + \frac{f'(0)}{1!}x + \frac{f''(0)}{2!}x^2 + \cdots +$

$\frac{f^{(n)}(0)}{n!}x^n$ 近似代替原函数，则截断误差为 $R_n(x)=f(x)-P_n(x)=\frac{f^{(n+1)}(\xi)}{(n+1)!}x^{n+1}$。

再如对函数 $\cos x$ 进行泰勒展开有 $\cos x=1-\frac{x^2}{2}+\frac{x^4}{4!}-\frac{x^6}{6!}+\cdots+\frac{(-1)^n x^{2n}}{(2n)!}+\cdots$，当 $|x|$ 很小时，可用 $1-\frac{x^2}{2}$ 作为 $\cos x$ 的近似值，这种近似方法所导致的误差就是截断误差，其值小于 $\frac{x^4}{24}$。

（4）**舍入误差** 由于计算机的存储空间、字长是有限的，因此需要用浮点数近似表示实数。在进行浮点运算时做四舍五入处理所导致的误差称为舍入误差。

只有“很少”一部分小数可以用计算机精确表示，由此造成的误差就是舍入误差。C 语言或者 Java 语言都实现了 IEEE754 的**浮点数**标准。比如 C 语言或者 Java 语言中的 float 和 double 分别对应单精度浮点数和双精度浮点数。**单精度浮点数**由 32 位二进制位组成（4 个字节），其中 1 位符号位，8 位指数位，23 位底数位；**双精度浮点数**由 64 位二进制位组成（8 个字节），其中 1 位符号位，11 位指数位，52 位底数位。浮点数的表示是基于二进制的科学计数法，二进制小数和十进制小数的对应关系见表 1.2。

表 1.2 二进制小数和十进制小数的对应关系

二进制小数	…	1	1	1	1	.	1	1	1	1	…
十进制小数	…	8	4	2	1	.	0.5	0.25	0.125	0.0625	…

不难看出，$(0.1)_2=(0.5)_{10}$，而 $(0.3)_{10}=(0.01001\cdots)_2$，因此十进制中的 8，4，2，1，0.5，0.25 等可以用浮点数精确表示，而十进制中的 0.3 这样的数就不能用浮点数精确表示。用科学计数法表示的二进制小数，只要指数位和底数位长度不超过浮点数定义的限制，可直接表示为浮点数

$$(-1)^{\text{sign}}(1.\text{M})_2\times 2^{\text{E}-1023} \tag{1.4}$$

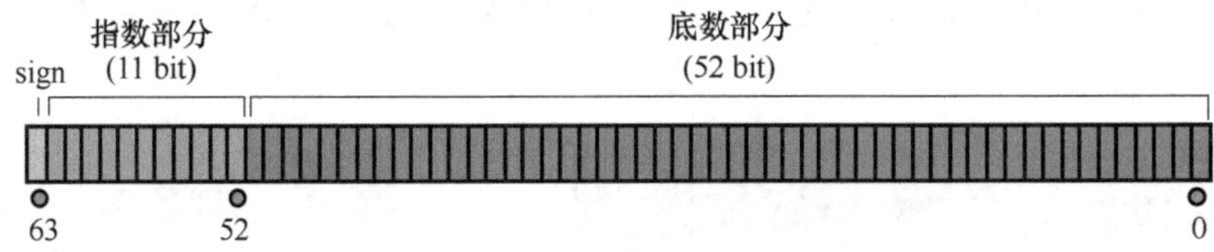

图 1.26 双精度浮点数的表示

浮点数标准规定（参考图 1.26）：

1）符号位 sign：“0”为正，“1”为负。

2）指数部分 E：为无符号整数，E 为 8 位或 11 位时，其真实值为 E－127 或 E－1023。E 不全为 0 且不全为 1 时，小数部分 M 前加上 1；E 全为 0 时，M 前不再加上 1；E 全为 1 时，如果 M 全为 0，表示 ±∞（正负由符号位 sign 决定），否则表示不是一个数（NaN）。

3）小数部分 M：一般情况下 $1\leqslant 1+\text{M}<2$，即 $\text{M}=0.d_{51}d_{50}\cdots d_1 d_0$。

程序示例 1.1 为计算机对小数的表示，运行结果见表 1.3。

程序示例 1.1 计算机对小数的表示

```

#include "stdafx.h"
#include "math.h"
```

```
int main(int argc,char* argv[])
{
    double a=0.2,b=0.3,h=0.5;

    return 0;
}
```

表1.3　在debug状态下程序示例1.1的运行结果

变量名	实际值
a	0.20000000000000001
b	0.29999999999999999
h	0.50000000000000000

程序示例1.2可以取出单精度浮点数“9.f”的二进制表示，并存于数组bits中。

程序示例1.2　单精度浮点数“9.f”的二进制表示

```
#include "stdafx.h"

int main(int argc,char* argv[])
{
   int i,n,bits[32],bbb=1;
   float* p;

   p=(float*)&n;
   *p=9.f;
   for(i=0; i<32; i++)
   {
      if(n&bbb)
          bits[i]=1;
      else
          bits[i]=0;
      bbb=bbb<<1;
   }

   return 0;
}
```

根据“9.f”的二进制表示，sign=0，E=130，$M=(0.001)_2$，所以它表示的浮点数为$(-1)^0(1.001)_2\times2^3=9$，如图1.27所示。

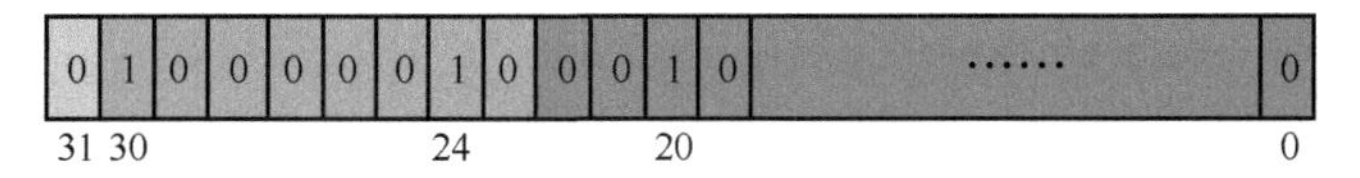

图1.27　单精度浮点数“9.f”的二进制表示（32位）

程序示例 1.3　双精度浮点数“1.”对分多少次变为“0.”

```
#include "stdafx.h"

int main(int argc,char* argv[])
{
      int i;
      double d=1.;

      for(i=0; i < 1075; i++)
      {
          d /=2;
      }

      return 0;
}
```

根据浮点数的性质需要注意以下两点：

1）**避免大数加减小数**，比如 1. +1.0e-20 还是 1.0。

2）**不能直接判断两个浮点数是否相等**。0.2×3 等于 0.6 吗？见程序示例 1.4。

程序示例 1.4　在计算机中 0.2×3 不等于 0.6

```
#include "stdafx.h"

int main(int argc,char* argv[])
{
      double d;

      d=0.2*3-0.6;

      return 0;
}
```

程序示例 1.4 的运行结果是 $d=1.1102230246251565e-016$，表明在计算机中 0.2×3 不精确等于 0.6。

程序示例 1.5　在计算机中 0.25×2 等于 0.5

```
#include "stdafx.h"

int main(int argc,char* argv[])
{
```

```
        double d;

        d=0.25*2-0.5;

        return 0;
}
```

程序示例1.5的运行结果是$d=0$，表明在计算机中0.25×2精确等于0.5。

1.5 数值稳定性

1. 数值稳定性的定义

若算法能将计算误差控制在合理范围内，则称之为数值稳定，否则称之为不稳定。

几个关于数值稳定性的基本原则：

（1）**两个相近的数相减，有效数字损失很大** $x-y$的相对误差为$e_r(x-y)=\frac{e(x)-e(y)}{x-y}$，当$x$与$y$很接近时，两数之差$x-y$的相对误差会很大。

例如，$2-\sqrt{3}\approx0.2679491924311227$，如用四位有效数字计算：$2-\sqrt{3}\approx2-1.732=0.268$，结果只有两位精确数字；若改为$2-\sqrt{3}=\frac{1}{2+\sqrt{3}}\approx\frac{1}{2+1.732}\approx0.267952$，则有四位有效数字。

【例1.2】 用四位浮点数计算$\frac{1}{759}-\frac{1}{760}$。

解法1：$\frac{1}{759}-\frac{1}{760}\approx0.1318\times10^{-2}-0.1316\times10^{-2}=0.2\times10^{-5}$，只有一位有效数字；

解法2：$\frac{1}{759}-\frac{1}{760}=\frac{1}{759\times760}\approx\frac{1}{0.5768\times10^{6}}=0.1734\times10^{-5}$，有四位有效数字。

（2）**避免除数的绝对值远小于被除数的绝对值** $\varepsilon\left(\frac{x}{y}\right)=\frac{|x|\varepsilon(y)+|y|\varepsilon(x)}{|y|^2}$，当$|x|\gg|y|$时，舍入误差会扩大。

（3）**大数吃小数** 例如$a=10^9+1$，如果计算机只能表示8位小数，则算出$a=0.1\times10^{10}$。

【例1.3】 一元二次方程$x^2-(10^9+1)x+10^9=0$，不难得出其精确解为$x_1=10^9$，$x_2=1$。如直接用求根公式：$x_{1,2}=\frac{-b\pm\sqrt{b^2-4ac}}{2a}$在仅支持8位有效数字的计算机上求解，有$\sqrt{b^2-4ac}=\sqrt{10^{18}-4\times10^9}\approx\sqrt{10^{18}}=10^9$及$10^9+1\approx10^9$；则$x_1\approx\frac{-(-10^9)+10^9}{2}=10^9$，$x_2\approx\frac{-(-10^9)-10^9}{2}=0$。$x_2$的值与精确解差别很大。如何通过改进算法得到更精确的

解呢?

解:

通过求根公式得出:

$$x_2 = \frac{-b - \sqrt{b^2 - 4ac}}{2a} = \frac{2c}{-b + \sqrt{b^2 - 4ac}} \tag{1.5}$$

若用式(1.5)计算可得精度更好的解

$$x_2 \approx \frac{2 \times 10^9}{-(-10^9) + 10^9} = 1 \tag{1.6}$$

(4)**减少运算次数** 例如计算 x^{255} 的值。如果逐个相乘，则要用 254 次乘法；如果重写 $x^{255} = x \cdot x^2 \cdot x^4 \cdot x^8 \cdot x^{16} \cdot x^{32} \cdot x^{64} \cdot x^{128}$，计算 x^{255} 只需 14 次乘法。

【例 1.4】 计算多项式 $P_n(x) = a_n x^n + a_{n-1} x^{n-1} + \cdots + a_1 x + a_0$ 的值。

解法 1: 如若按 $a_k x^k$ 有 k 次乘法运算，计算 $P_n(x)$ 共需 $1 + 2 + \cdots + n = \frac{n(n+1)}{2}$ 次乘法和 n 次加法运算。

解法 2: 如写成 $P_n(x) = (\cdots((a_n x + a_{n-1})x + a_{n-2})x + \cdots + a_1)x + a_0$，用递推法：$u_0 = a_n$，$u_k = u_{k-1}x + a_{n-k}$，$k = 1, 2, \cdots, n$，可得 $P_n(x) = u_n$，共需 n 次乘法和 n 次加法运算。

可见，解法 2 的运算次数要明显少于解法 1。

1.6 教学内容与要求

经典计算方法理论主要是针对工程、物理中常见的数学问题，研究对象主要是各种方程与函数，利用迭代、插值、逼近、变步长等主要方法给出其数值近似解。现代计算方法结合了生物进化策略、人工智能理论以及并行计算技术等，研究对象扩展到大规模方程、复杂网络与系统等，用于寻求实际问题的整体解决方案。解决科学和工程问题的步骤如图 1.28 所示。

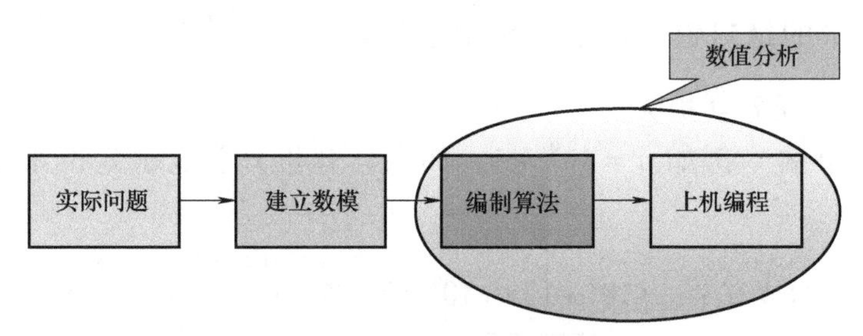

图 1.28 解决科学和工程问题的步骤

1. 教学内容

本课程针对工程应用中最基本的数学问题，给出其数值计算方法，具体内容如下：

1）数值计算基本概念；

2）方程求解：方程包括线性方程、非线性方程等；

3）插值与逼近；
4）数值积分；
5）非线性最优化；
6）启发式算法。

2. 教学特点

1）注重理论分析（收敛性、稳定性、误差分析）；
2）强调数值方法在工程实践中的应用。

3. 教学要求

1）理解基本的数值分析原理，如迭代的构造、收敛性判断等；
2）掌握本课程中给出的经典数值算法；
3）能编程实现基本的数值算法，会用C语言编程求解常见的工程计算问题。

练　习　题

1. 什么是相对误差和绝对误差？

2. 什么是舍入误差？如何理解有效数字？为何在浮点数计算的过程中要尽量避免相近的浮点数相减？

3. 叙述双精度浮点数的基本定义，并说明浮点数的加法是否满足结合律、交换律？（假设用$f(a)$表示实数a对应的浮点数，$\oplus$表示浮点数加法，则$(f(a)\oplus f(b))\oplus f(c)$是否等于$f(a)\oplus(f(b)\oplus f(c))$，$f(a)\oplus f(b)$是否等于$f(b)\oplus f(a)$？）

4. 分析下面代码的运行结果：

程序示例1.6　简单一元二次方程求解公式

```
#include "stdafx.h"
#include "math.h"
int main()
{
        double a =1.,
                b = - (1e7 +1e -7),
                c =1.,
                d,
                x1,
                x2;
        d =b* b -4* a* c;
        d =sqrt(d);
        x1 = ( -b +d) / (2* a);
        x2 = ( -b -d) / (2* a);
        return 0;
}
```

基于“避免相近的浮点数相减”的原则改进一元二次方程求根公式，并绘制出算法框图，用C语言编程实现，要求：输入参数a，b，c表示方程$f(x)=ax^2+bx+c=0$，输入容差参数$e>0$（若$|f(x_0)|<e$，则x_0可能是根，见图1.29），输出根的总数及方程的根。

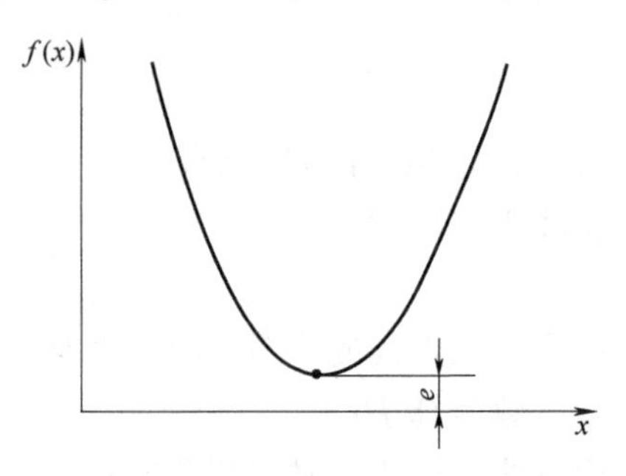

图1.29　方程的根与容差的关系

用表1.4给出的数据进行测试。

表1.4　一元二次方程求解的测试数据

a	b	c
6×10^{154}	5×10^{154}	-4×10^{154}
0	1	1
1	-10^5	1
1	$-(10^8+10^{-8})$	1
10^{-155}	-10^{155}	10^{155}
1	-4	3.999999

5. 试构造一个算法，使其时间复杂度为$O(2^{2^n})$。
6. 给出程序示例1.3中的“1075”含义。

第2章

非线性方程

数值计算要解决的核心问题就是方程求解，包括非线性方程、非线性方程组和线性方程组。迭代是方程求解的基本方法。

如果一个函数$f(x)$满足：①可加性，$f(x+y)=f(x)+f(y)$；②齐次性，$f(\lambda x)=\lambda f(x)$，则称$f(x)$是**线性函数**，否则就是**非线性函数**。相应地，如果$f(x)$是线性函数，$f(x)=c$就是**线性方程**，其中c是常数，称$f(x)=0$为齐次方程；如果$f(x)$是非线性函数，$f(x)=c$就是**非线性方程**。如果$f(x)$是多项式，则称$f(x)=c$为**代数方程**或多项式方程。非线性方程可能非常复杂，如图2.1所示。

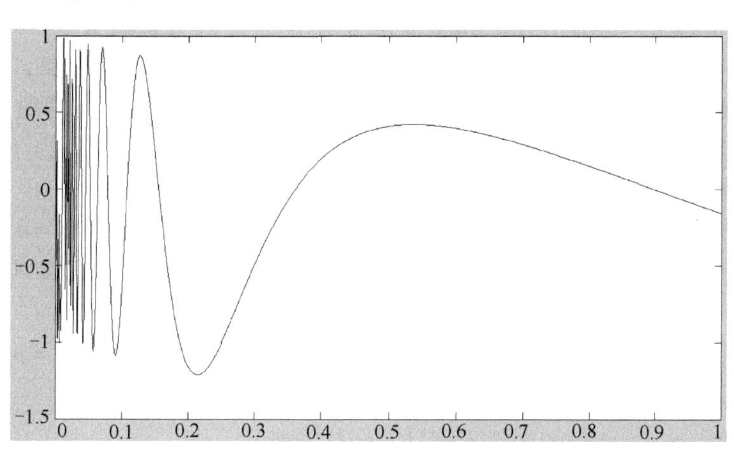

图2.1　$f(x)=\sin\left(\frac{1}{x}\right)-x$ 在 [0，1] 区间内的图像

一般记非线性方程为$f(x)=0$，$f(x)$是超越函数或高次多项式。**非线性方程组**的一般形式是$\begin{cases} f_1(x_1, x_2, \cdots, x_n)=0 \\ f_2(x_1, x_2, \cdots, x_n)=0 \\ \quad\vdots \\ f_n(x_1, x_2, \cdots, x_n)=0 \end{cases}$。方程的**解**称为方程的**根**或函数的**零点**，根可能是实数或复数。若$f(\alpha)=0$，$f'(\alpha)\neq 0$，则称α为**单根**；若$f(\alpha)=f'(\alpha)=\cdots=f^{(k-1)}(\alpha)=0$而

$f^{(k)}(\alpha)\neq 0$，则称 α 为 k **重根**，见图 2.2。常见的求解问题有两类：

1）求在给定范围内的**某个解**；

2）求在给定范围内的**全部解**。

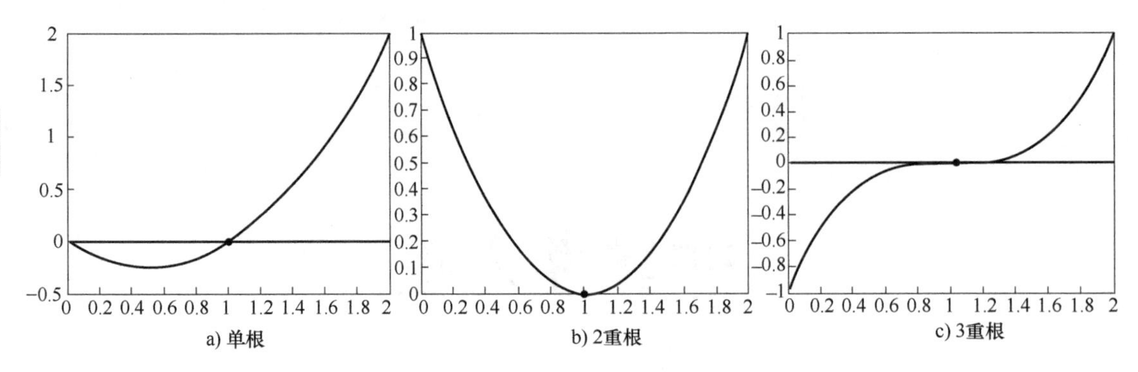

图 2.2 单根与重根

2.1 代数方程求根

1. 塔塔利亚（Niccolò Tartaglia）三次方程求解方法

一元三次方程的一般形式是 $Ax^3+Bx^2+Cx+D=0$，作一个线性变换（例如令 $x=y+h$，并适当选取 h）就可以把方程的二次项消去，所以只考虑形如 $x^3=px+q$ 的三次方程。假设方程的解 x 可以写成 $a-b$ 的形式，其中 a 和 b 待定，代入方程有 $a^3-3a^2b+3ab^2-b^3=p(a-b)+q$，得到 $a^3-b^3=(a-b)(p+3ab)+q$。根据待定系数法的思路，要找到这样的 a 和 b，满足 $a^3-b^3=q$ 且 $3ab+p=0$。$a^3-b^3=q$ 的两边各乘以 $27a^3$，就得到 $27a^6-27a^3b^3=27qa^3$。由 $p=-3ab$ 可知 $27a^6+p^3=27qa^3$。这是一个关于 a^3 的二次方程，所以可以解得 a，进而可解出 b 和根 x。

这个求解过程相当于在原始方程的基础上，再增加 a、b 两个变量和 $x=a-b$ 及 $3ab+p=0$ 两个方程，构成一个非线性方程组，然后用一元二次方程求根公式直接求出 a，再解出 b 和 x。

直接用待定系数法也可以求解三次方程。对于三次方程的标准形 $x^3=px+q$，可以假设其解形如：$x=\sqrt[3]{a}+\sqrt[3]{b}$，用待定系数法：

$$(\sqrt[3]{a}+\sqrt[3]{b})^3=p(\sqrt[3]{a}+\sqrt[3]{b})+q$$

$$a+b+3\sqrt[3]{a}\sqrt[3]{b}(\sqrt[3]{a}+\sqrt[3]{b})=p(\sqrt[3]{a}+\sqrt[3]{b})+q$$

令 $a+b=q$，$3\sqrt[3]{a}\sqrt[3]{b}=p$ 即 $ab=p^3/27$，求解二次方程：

$$y^2-qy+\frac{p^3}{27}=0$$

得到三次方程的解为

$$x=\sqrt[3]{\frac{q}{2}-\sqrt{\left(\frac{q}{2}\right)^2-\left(\frac{p}{3}\right)^3}}+\sqrt[3]{\frac{q}{2}+\sqrt{\left(\frac{q}{2}\right)^2-\left(\frac{p}{3}\right)^3}} \tag{2.1}$$

注意此根式解存在的条件是$\left(\frac{q}{2}\right)^2-\left(\frac{p}{3}\right)^3\geqslant 0$。

2. 费拉里（Ferrari）四次方程解法

与三次方程一样，可以用一个线性变换消去四次方程中的三次项，故只考虑形式为 $x^4 = px^2 + qx + r$ 的一元四次方程。下一步把等式的两边配成完全平方式。对于参数 a，有 $(x^2 + a)^2 = (p + 2a)x^2 + qx + r + a^2$，等式右边是完全平方式当且仅当它的判别式为0，即

$$q^2 = 4(p + 2a)(r + a^2) \tag{2.2}$$

此为 a 的三次方程。利用一元三次方程的解法，可以解出参数 a。这样原方程两边都是完全平方式，开方后就是一个关于 x 的一元二次方程，于是可以求解原方程。

下面讨论直接用求根公式求解存在的问题。直接用一元二次方程求根公式求解存在的问题，前面已经讨论过了。对于一元三次方程，直接用公式（2.1）求解是有问题的，见下面的测试程序。误差较大的原因是当 p 很小时，$\frac{q}{2}$ 与 $\sqrt{\left(\frac{q}{2}\right)^2 - \left(\frac{p}{3}\right)^3}$ 接近相等，出现了“相近的浮点数相减”现象，会造成精度的损失。修正方法是先引入两个变量，令 $u = \sqrt[3]{\frac{q}{2} - \sqrt{\left(\frac{q}{2}\right)^2 - \left(\frac{p}{3}\right)^3}}$，$v = \sqrt[3]{\frac{q}{2} + \sqrt{\left(\frac{q}{2}\right)^2 - \left(\frac{p}{3}\right)^3}}$，于是 $u = \frac{uv}{v} = \frac{p}{3v}$，式（2.1）变为 $x = u + v = \frac{p}{3v} + v$，这是 q 为正时的情况，q 为负时处理方法类似。

程序示例2.1　直接求解一元三次方程的测试程序（误差为1.e-6）

```
#include "stdafx.h"
#include "math.h"

// f(x)=x^3-px-q
// 方程:f(x)=0
int main(int argc,char* argv[])
// 直接用公式求解
{
    double p,q,x,d,s,u,v,f;

    p=1.e-6;
    q=1.;

    d=q* q/4-p* p* p/27;
    s=sqrt(fabs(d));
    u=pow(fabs(q/2-s),1./3);
    v=pow(fabs(q/2+s),1./3);
    x=u+v; // 根

    f=x* x* x-p* x-q; // f(x),修正前

    return 0;
}
```

程序示例 2.1 的运行结果是：

f	-1.000000000287557e-006
p	9.9999999999999995e-007
q	1.0000000000000000
x	1.0000000000000000

程序示例 2.2　用修正的公式求解一元三次方程的测试程序（误差为 0）

```
#include "stdafx.h"
#include "math.h"

// f(x) =x^3 -px -q
// 方程:f(x) =0
int main(int argc,char* argv[])
// 用修正的公式求解
{
    double p,q,x,d,s,u,v,f;

    p =1.e -6;
    q =1.;

    d =q* q/4 -p* p* p/27;
    s =sqrt(fabs(d));
    v =pow(fabs(q/2 +s),1./3);
    u =p/3/v;
    x =u +v; // 根

    f =x* x* x -p* x -q; // f(x)

    return 0;
}
```

程序示例 2.2 的运行结果是：

f	0.00000000000000000
p	9.9999999999999995e-007
q	1.00000000000000000
x	1.0000003333333334

一般情况下用求根公式得到的解都是有误差的，有必要对解进行修正。以一元三次方程为例，令 $f_0 = x_0^3 - px_0 - q$ 接近为 0，即 x_0 是近似解，给 x_0 一个修正量 ε，代入原方程有

$(x_0+\varepsilon)^3=p(x_0+\varepsilon)+q$，略去 ε 的高次项得到

$$\varepsilon \approx -\frac{f_0}{3x_0^2-p} \tag{2.3}$$

将 x_0 修正为 $x_0+\varepsilon$ 可提高精度。在后面的章节中将看到这就是牛顿法的特例，该方法的关键是**迭代**，即反复修正。迭代是整个数值方法的核心。

程序示例 2.3　对解进行一次修正有效提高了精度

```
#include "stdafx.h"
#include "math.h"

// f(x) =x^3 -px -q
// 方程:f(x) =0
int main(int argc,char* argv[])
// 直接用公式求解
{
    double p,q,x,d,s,u,v,f;

    p =1.e -6;
    q =1.;

    d =q* q/4 -p* p* p/27;
    s =sqrt(fabs(d));
    u =pow(fabs(q/2 -s),1./3);
    v =pow(fabs(q/2 +s),1./3);
    x =u +v; // 根

    f =x* x* x -p* x -q; // f(x),修正前

    x =x -f/(3* x* x -p); // 修正
    f =x* x* x -p* x -q; // f(x),修正后

    return 0;
}
```

程序示例 2.3 的运行结果是：

f	3.3306690738754696e -013
p	9.9999999999999995e -007
q	1.0000000000000000
x	1.0000003333334444

利用求根公式进行求解时，由于要进行多次平方根、立方根的计算，会造成一定的误

差，所以求根公式不能直接使用。对于非线性问题，除少数情况外，一般不能用公式求解。一元五次及以上的方程没有一般的通解公式，通常采用迭代解法，即构造出一近似值序列逼近真解。解非线性方程和方程组有很大区别，解方程组要难得多。主要区别在于一维情形可以找到一个根的范围，然后逐步缩小根的范围，最终找到符合精度要求的根；而多维情形则很难确定根的存在。在后面的各节中，将针对一般非线性方程，介绍确定初始解、迭代求精、迭代加速以及步长调整等基本方法，并给出一些具体应用实例。

2.2 二分法

1. 二分法的计算过程

定理2.1 对于连续函数$f(x)$，如果该函数在a和b处异号，即$f(a)f(b)<0$，则$f(x)$在$[a, b]$内至少有一个根。

二分法的基本思想是将区间$[a, b]$逐步二等分，使得每次缩小的区间中始终包含$f(x)$的根x^*，区间套$[a_k, b_k]$满足：$[a_0, b_0]\supset[a_1, b_1]\supset[a_2, b_2]\supset\cdots$，其中$b_k-a_k=(b-a)/2^k$，$x^*$在区间$[a_k, b_k]$内。令

$$x_k=\frac{a_k+b_k}{2} \tag{2.4}$$

于是$|x^*-x_k|<(b_k-a_k)/2=(b-a)/2^{k+1}$。所以当$k$充分大后，$x_k$ **收敛**到x^*。令$(b-a)/2^{k+1}<\varepsilon$，其中$\varepsilon$是收敛精度，可以推出$k$。二分法收敛的依据是闭区间套定理：闭区间$[a_n, b_n]$，$n=0, 1, 2, \cdots$，$\forall n$满足$[a_n, b_n]\supset[a_{n+1}, b_{n+1}]$，且$\lim\limits_{n\to\infty}(b_n-a_n)=0$，则$\exists!\ \xi$满足$\xi=\cap[a_n,b_n]$，如图2.3所示。

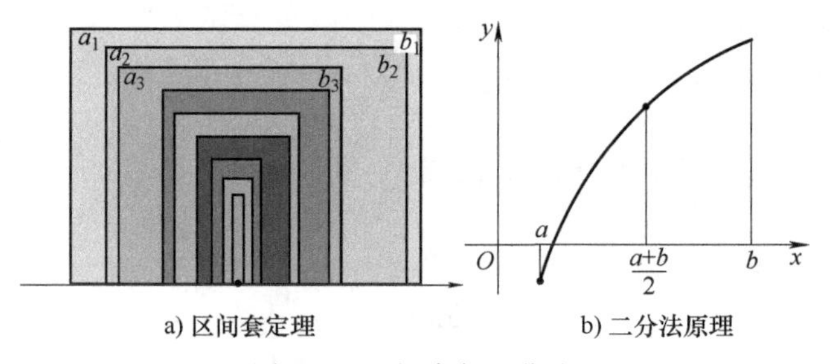

a) 区间套定理　　b) 二分法原理

图2.3 区间套与二分法

算法2.1 二分法算法

```
Input:函数 f(x),区间[a,b],f(a)·f(b)<0,容差 e>0,最大迭代次数 max
Output:根 x
Begin
    For i←0 to max,do
        x←a+(b-a)/2
        If |f(x)|<e,then
            Return Success
        End If
        If f(a)*f(x)>0,then
```

```
            a←x;
        Else
            b←x;
End If
    End For
    Return Error
End
```


【例2.1】 用二分法求解方程$f(x)=x^3-x-1=0$在[1, 1.5]内的解，精度为10^{-2}。

解：取初始区间[1, 1.5]，区间对分过程见表2.1。

表2.1　区间对分过程

序号	区间	区间端点函数值	中点及函数值
1	[1, 1.5]	-1, 0.875	1.25, -0.2969
2	[1.25, 1.5]	-0.296875, 0.875	1.375, 0.2246
3	[1.25, 1.375]	-0.296875, 0.2246	1.3125, -0.05151
4	[1.3125, 1.375]	-0.05151, 0.2246	1.34375, 0.08261
5	[1.3125, 1.34375]	-0.05151, 0.08261	1.328125, 0.01458
6	[1.3125, 1.328125]	-0.05151, 0.01458	1.3203125, -0.01871
7	[1.3203125, 1.328125]	-0.01871, 0.01458	1.32421875, -0.002128

满足精度要求的解为1.32421875。

2. **二分法的特点**

1）对函数要求比较低，只要函数**连续即可**。

2）收敛速度**慢**，收敛速度与以1/2为公比的等比级数相同，没有充分利用函数值。

3）一次对分过程只能求一个解，不能求复根。

4）一般用于为其他非线性方程快速求解方法**提供初值**。

3. **区间的确定**

可以用等分区间法估计区间[a, b]。在$f(x)$的连续区间[a, b]内，选择一系列的x值x_1, x_2, x_3, …, x_n（一般取等间距），观察$f(x)$在这些点处的函数值的符号变化情况，当出现两个相邻点上的函数值异号时，根据根的存在定理，此小区间上至少有一个实根，如图2.4所示。

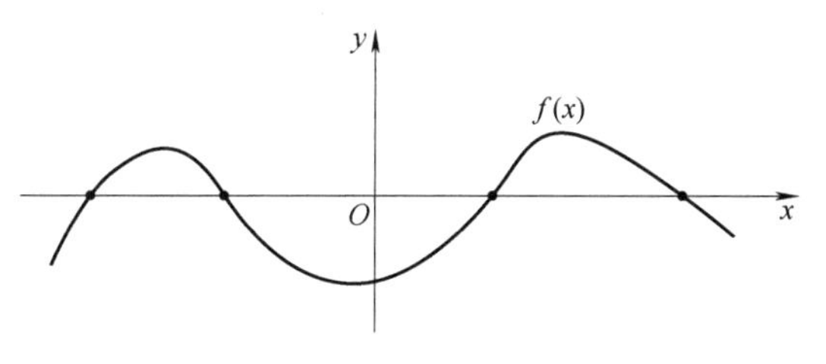

图2.4　根所在区间的确定

【例2.2】 确定$f(x)=x^2-2x-1=0$的有根区间。

解：设从$x=0$出发，取$h=0.25$为步长，向右进行根的扫描，列表2.2记录各个结点上函数值的符号，发现在区间（2.25, 2.5）内必有实根，因此可取$x_0=2.25$或$x_0=2.5$作为根的初始近似值。在具体运用上述方法时，步长的选择是个关键。若步长h足够小，就可以求得任意精度的根的近似值；但 h 过小，在区间长度大时，会使计算量增大，h 过大，又可能出现漏根的现象。因此，这种根的隔离法，只适用于求根的初始值。

表 2.2　用等分区间法确定根所在的区间

x	0	0.25	0.5	0.75	1	1.25	1.5	1.75	2	2.25	2.5	2.75	3
$f(x)$ 正负情况	−	−	−	−	−	−	−	−	−	−	+	+	+

为什么按等分的方式进行区间的分割？假设初始区间为[0, 1]，取定一个固定的比例值 t，满足 $0<t<1$，在每一步迭代过程中，按 $1-t$ 和 t 分割区间。对于一个子区间，零点出现在该子区间的概率与其长度成正比，所以在总计 n 次迭代过程中，按 $1-t$ 比例保留子区间的迭代次数约为 $(1-t)n$，按 t 比例保留子区间的迭代次数约为 tn。故区间最终长度为 $(1-t)^{(1-t)n}t^{tn}=[(1-t)^{1-t}t^t]^n$，该长度越小表明精度越高。图 2.5 所示为函数 $\alpha(t)=(1-t)^{1-t}t^t$ 的图像，其最小值在 $t=0.5$ 达到。

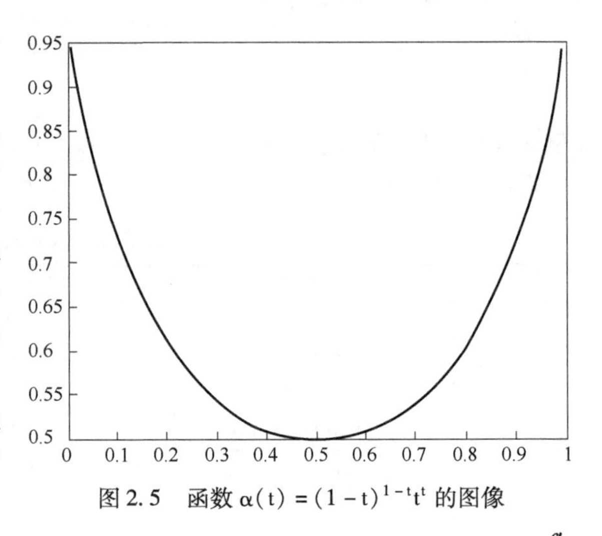

图 2.5　函数 $\alpha(t)=(1-t)^{1-t}t^t$ 的图像

证明如下：令 $f(t)=(1-t)^{1-t}$，则 $\ln f=(1-t)\ln(1-t)$，此式两边求导得 $\frac{f'}{f}=-\ln(1-t)-1$，于是 $f'=-[\ln(1-t)+1]f$；同样令 $g(t)=t^t$，可得 $g'=(\ln t+1)g$。由于 $\alpha(t)=f(t)g(t)$，所以 $\alpha'=f'g+fg'$，$\alpha(t)$ 取极值的条件是 $\alpha'=0$，即 $\ln t=\ln(1-t)$，求解得 $t=0.5$。

4. 混合法

下面介绍一种改进的二分法——混合法（参考 False Position Method）。在混合法迭代过程中，区间的分断点轮流取区间中点和割线交点，割线交点是函数两个端点的连线与 x 轴的交点（见图 2.6），这样可达到更快的收敛速度。

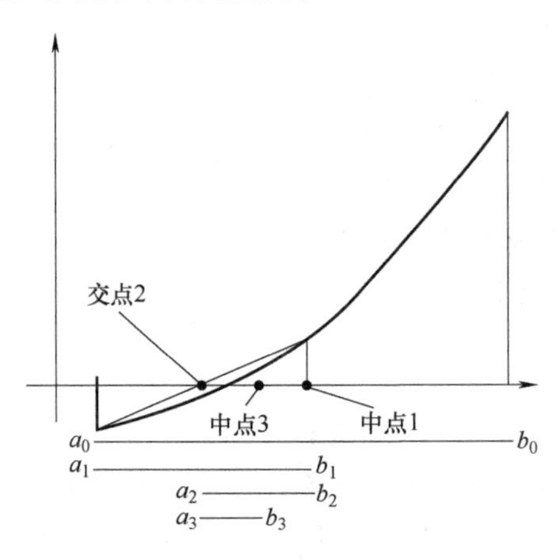

图 2.6　改进的二分法——混合法

【例2.3】 求解方程 $x^3-x-1=0$ 在 [1, 1.5] 内的解，精度为 10^{-6}。

解：对比二分法和混合法，测试结果为：二分法迭代19次，混合法仅迭代9次。

程序示例2.4 改进的二分法程序

```
#include "stdafx.h"
#include "math.h"
#include "stdio.h"

double f(double x)
{
      //return x* x* x -x -1.;
      return exp(0.693147180559945 +x) -2.;
      //return (x -1.e -8)* (x -1.5);
}

/* return -1:error,0:no root,1:one root,3:迭代超过 max 次
* /
int sub2(double a,
      double b,
      double(* f)(double x),
      double e,
      int max,
      double& x)
{
      int i;
      double x0,x1,y0,y1,y;

      y0 =f(a);
      y1 =f(b);
      if( fabs(y0) < e )
      {
          x =a;
          return 1;
      }
      else
      if( fabs(y1) < e )
      {
          x =b;
          return 1;
      }
      if( y0* y1 > 0. )
```

```
            return 0; // no root
        x0 = a;
        x1 = b;
        for( i = 0; i < max; i + + )
        {
            x = 0.5* (x0 + x1);
            y = f(x);
            if( fabs(y) < e )
                return 1;
            if( y0* y < 0. ) // [x0,x]
            {
                x1 = x;
                y1 = y;
            }
            else // [x,x1]
            {
                x0 = x;
                y0 = y;
            }
        }

        return 3;
}

int main(int argc,char* argv[])
{
        int rt;
        double x;

        rt = sub2(0.,1.,f,1.e-20,100,x);

        return 0;
}
```

2.3 定点法

迭代法是求解非线性方程的基本方法。定点迭代法也称定点法，其思想是：将方程 $f(x)=0$ 转化为方程 $x=\varphi(x)$，构造

$$x_{k+1}=\varphi(x_k) \tag{2.5}$$

其中 $k=0$，1，2，…。给定初值 x_0，可以计算得到 $x_1=\varphi(x_0)$，$x_2=\varphi(x_1)$，…。称 $\{x_k\}$

为**迭代序列**，$\varphi(x)$为**迭代函数**。如果$\{x_k\}$收敛于x^*，则x^*就是方程的解。迭代函数不唯一，也不一定收敛。

【例2.4】 求方程$f(x)=x-2^x+1.5=0$的一个根。

解：因为$f(0)>0$，$f(2)<0$，在$[0,2]$中必有根。将原方程改为$2^x=x+1.5$，$x=\log_2(x+1.5)$。由此得迭代格式$x_{k+1}=\log_2(x_k+1.5)$，取初始值$x_0=0$，可逐次算得$x_1=0.5850$，$x_2=1.0600$，$x_3=1.3562$，$x_4=1.5141$，…，$x_{14}=1.6598$，$x_{15}=1.6598$，所以取$x=1.6598$为根。

如改写成$x=2^x-1.5$且取$x_0=2$，则迭代序列不收敛。请思考定点法的收敛条件是什么？

定理2.2 如果$\varphi(x)$满足下列条件：①当$x\in[a,b]$时，$\varphi(x)\in[a,b]$，②对任意$x\in[a,b]$，存在$0<L<1$，使$|\varphi'(x)|\leqslant L<1$。则方程$x=\varphi(x)$在$[a,b]$上有唯一的根$x^*$，且对任意初值$x_0\in[a,b]$时，迭代序列$x_{k+1}=\varphi(x_k)$，$k=0,1,2,\cdots$，收敛于$x^*$，如图2.7所示。

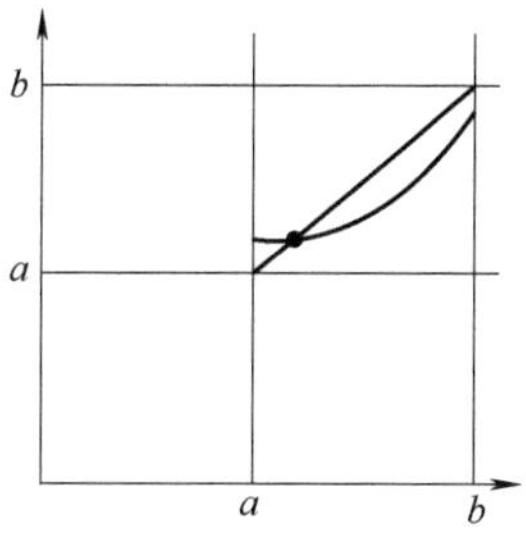

图2.7 定点法的收敛条件

1912年荷兰数学家布劳威尔（Brouwer）证明了不动点定理：**假设D是某个圆盘中的点集，f是一个从D到它自身的连续函数，则存在点x满足$f(x)=x$**。有这样一个推论：把一张当地的地图平铺在地上，则总能在地图上找到一点，这个点下面的地上的点正好就是它在地图上所表示的位置，或者说，两张图案相同、幅面不同的地图，将小地图置于大地图上，则总能在小地图上找到一点，这个点与下方大地图上的重叠点表示的位置相同，如图2.8和图2.9所示。

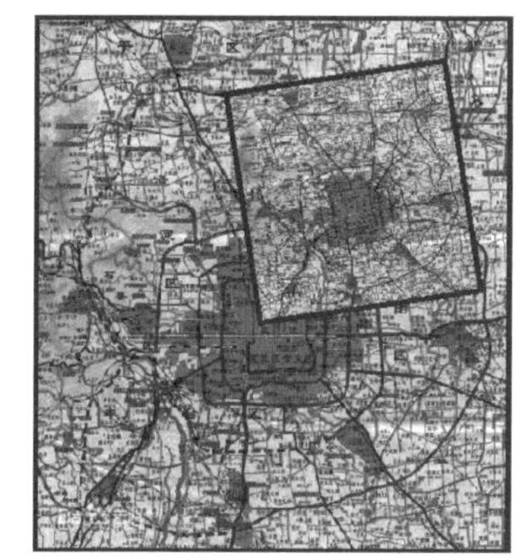

图2.8 两张幅面不同的地图重叠——存在“不动点”

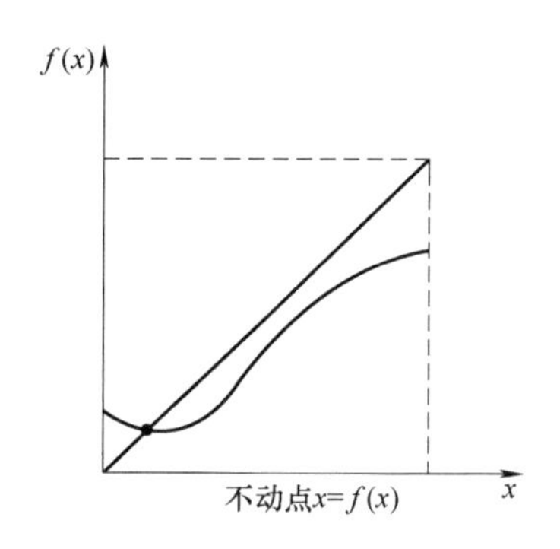

图2.9 不动点定理的一维情况

（1）**有根性** 考虑到$f(x)=x-\varphi(x)$，$f(a)\leqslant 0$，$f(b)\geqslant 0$，$f'(x)=1-\varphi'(x)>0$，所以$x=\varphi(x)$有根并且是唯一的，参考图2.10。

（2）**收敛性** 在下面的讨论中用到了：①等比级数求和公式$1+q+q^2+\cdots+q^n=\dfrac{1-q^{n+1}}{1-q}$；②柯西（Cauchy）定理：如果数列$\{a_n\}$满足对$\forall\varepsilon>0$，$\exists N$，使对$\forall n>N$和$m>N$，

有$|a_n - a_m| < \varepsilon$，则该数列收敛；（注意：可以证明柯西数列有界，有界就有收敛子列，可证柯西数列随子列收敛。）③拉格朗日（Lagrange）中值定理：如果函数$f(x)$在$[a, b]$上连续、在(a, b)内可导，则$\exists \xi \in (a, b)$满足$f(b) - f(a) = f'(\xi)(b-a)$。

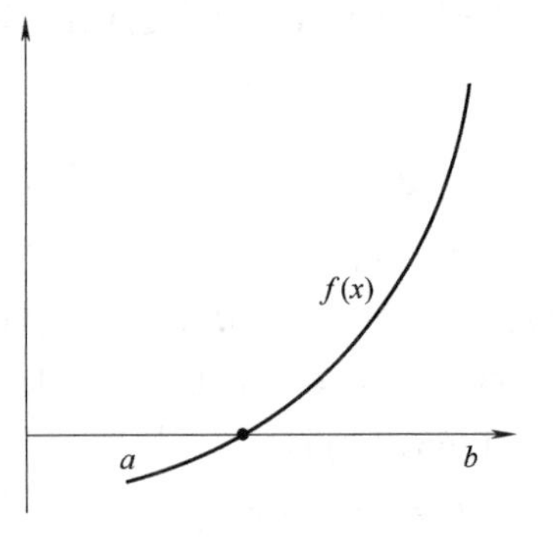

图 2.10　定义$f(x) = x - \varphi(x)$

令$x_{k+1} = \varphi(x_k)$，$\varphi(x)$满足定理中的收敛条件。为应用柯西定理证明$\{x_n\}$收敛，需推出几个不等式公式。

先推出两个需要用到的不等式。使用$x = \varphi(x)$和拉格朗日中值定理可以推出，$|x_{k+1} - x_k| = |\varphi(x_k) - \varphi(x_{k-1})| = |\varphi'(\xi)||x_k - x_{k-1}| \leqslant L|x_k - x_{k-1}|$，其中$L < 1$，所以有$|x_{k+1} - x_k| \leqslant L^k |x_1 - x_0|$。同样方法可以证明：对于整数$r > 0$有$|x_{k+r} - x_{k+r-1}| \leqslant L^r |x_k - x_{k-1}|$。

另一个需要用到的不等式是：对于任意正整数p，有$|x_{k+p} - x_k| = |x_{k+p} - x_{k+p-1} + x_{k+p-1} - x_{k+p-2} + x_{k+p-2} - \cdots - x_k| \leqslant (L^p + \cdots + L)|x_k - x_{k-1}|$，所以有$|x_{k+p} - x_k| < \dfrac{L}{1-L}|x_k - x_{k-1}|$，即只要$|x_k - x_{k-1}|$充分小，就可以保证$|x_{k+p} - x_k|$足够小。

对于$\forall \varepsilon > 0$，令$N = \left[\dfrac{\ln \dfrac{2|x_1 - x_0|}{\varepsilon(1-L)}}{\ln \dfrac{1}{L}}\right] + 1$，其中$[x]$表示不超过实数$x$的最大整数，于是$\dfrac{2L^N}{1-L}|x_1 - x_0| < \varepsilon$。对$\forall n > N$和$m > N$，根据前面推导出的两个不等式公式有

$$
\begin{aligned}
|x_n - x_m| &< |x_n - x_N| + |x_m - x_N| \\
&< \frac{2L}{1-L}|x_N - x_{N-1}| \\
&\leqslant \frac{2L^N}{1-L}|x_1 - x_0| \\
&< \varepsilon
\end{aligned}
$$

根据柯西定理知$\{x_n\}$收敛，故存在**极限**x^*。

由于在求根过程中x^*是不知道的，因此不可能用$|x^* - x_k| < \varepsilon$来作为迭代结束条件，但可用$|x_k - x_{k-1}|$**控制迭代次数**。下面证明这个结论。由于

$$
\begin{aligned}
|x^* - x_{k+1}| &= |\varphi(x^*) - \varphi(x_k)| = |\varphi'(\xi)||x^* - x_k| \leqslant L|x^* - x_k| \\
&\leqslant L(|x^* - x_{k+1}| + |x_{k+1} - x_k|)
\end{aligned}
$$

可以推导出

$$(1-L)|x^* - x_{k+1}| \leqslant L|x_{k+1} - x_k|$$

$$|x^* - x_{k+1}| \leqslant \frac{L}{(1-L)}|x_{k+1} - x_k|$$

所以可用$|x_k - x_{k-1}|$控制迭代次数。

【例2.5】 求方程 $x^3-5x+1=0$ 在 [0, 1] 内的根，精确到 10^{-4}。

解：将方程变形为 $x=\frac{1}{5}(x^3+1)=\varphi(x)$。$\varphi'(x)=0.6x^2>0$，$\varphi(x)$ 在 [0, 1] 内为增函数，所以 $L=\max|\varphi'(x)|<1$ 满足收敛条件，取 $x_0=0.5$，则

$$x_1=\varphi(x_0)=0.225$$
$$x_2=\varphi(x_1)=0.2023$$
$$x_3=\varphi(x_2)=0.2017$$
$$x_4=\varphi(x_3)=0.2016$$
$$x_5=\varphi(x_4)=0.2016$$

近似根为 $x^*=0.2016$。

【例2.6】 求25的立方根，精确到 10^{-6}。

解：求解方程 $x^3=25$，由于 $2.9^3=24.389$，显然解在区间 [2.9, 3] 之内。令

$$\varphi(x)=x-\frac{x^3-25}{3x^2}$$

在区间 [2.9, 3] 内可验证

$$|\varphi'(x)|=\left|\frac{2x^3-50}{3x^3}\right|=\left|\frac{2\times3^3-50}{3\times2.9^3}\right|<1$$

所以取 $x_0=2.9$，$x_{n+1}=\varphi(x_n)$ 迭代收敛。迭代过程如下：

$$x_1=\varphi(x_0)\approx2.924217$$
$$x_2=\varphi(x_1)\approx2.924018$$
$$x_3=\varphi(x_2)\approx2.924018$$

25的立方根近似解为 $x^*=2.924018$。

如何将方程 $f(x)=0$ 转化为可用于定点法的方程 $x=\varphi(x)$？其实不存在一般的转化方法，这也是该方法较少应用于解决实际问题的原因。下面介绍迭代法中关于收敛快慢及迭代加速两个重要概念。

（3）**收敛速度** 设序列 $\{x_k\}$ 收敛于方程的根 x^*，如果存在正实数 p，使得 $\lim\limits_{k\to\infty}\frac{|x^*-x_{k+1}|}{|x^*-x_k|^p}=C$（$C$ 为非零常数），则称序列 $\{x_k\}$ 收敛于 x^* 的**收敛速度**是 p 阶的。

当 $p=1$ 时，称为线性收敛；当 $p=2$ 时，称为二次收敛，或平方收敛。若 $\varphi'(x)$ 连续，且 $\varphi'(x^*)\neq0$，则迭代格式 $x_{k+1}=\varphi(x_k)$ 必为线性收敛。因为由 $|x^*-x_{k+1}|=|\varphi(x^*)-\varphi(x_k)|=|\varphi'(\xi)||x^*-x_k|$，可推出 $\lim\limits_{k\to\infty}\frac{|x^*-x_{k+1}|}{|x^*-x_k|}=|\varphi'(x^*)|\neq0$。

（4）**迭代加速** 下面讨论迭代法的**埃特金**（Aitken）**加速**。假设 $x_{k+1}=\varphi(x_k)$ 是收敛的，因此有 $\lim\limits_{k\to\infty}\frac{x_{k+1}-x^*}{x_k-x^*}=\varphi'(x^*)$。当 k 充分大以后，

$$\frac{x_{k+2}-x^*}{x_{k+1}-x^*}\approx\frac{x_{k+1}-x^*}{x_k-x^*} \tag{2.6}$$

从式（2.6）中解出

$$x^*\approx\frac{x_k x_{k+2}-x_{k+1}^2}{x_{k+2}-2x_{k+1}+x_k} \tag{2.7}$$

式（2.7）作为 x_k，则可能精度更高。埃特金加速法的几何意义如图 2.11 所示。

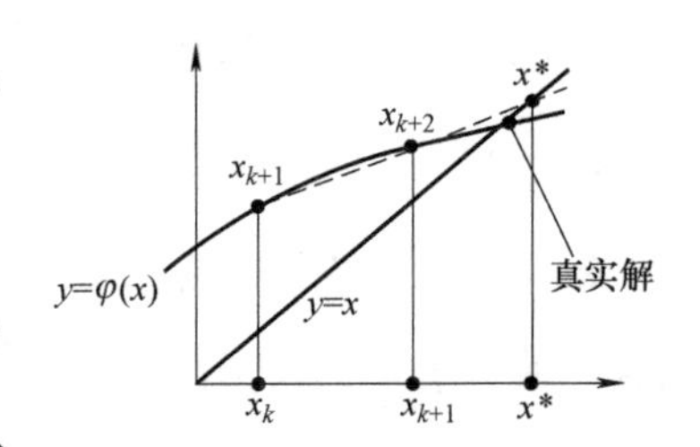

图 2.11　埃特金加速

程序示例 2.5　定点法程序实例

```
#include "stdafx.h"
#include "math.h"

// 用定点法解方程:x =0.25* exp(x)
double fai(double x)
{
      return 0.25* exp(x);
}

// 迭代 34 次的解为 0.35740295618138967,精度 1.e -15
int main()
{
      int i;
      double x0 =1.,x1,e =1.e -15;

      for( i =0; i < 64; i + + )
      {
            x1 = fai(x0);
            if(fabs(x1 -x0) < e )
               return 1;
            x0 =x1;
      }

      return 0;
}
```

程序示例 2.6　带埃特金加速的定点法程序实例

```
int main()
{
    int i;
    double x0 =1.,x1,x2,x,y,d,e =1.e -15;
```

```
    x1 = fai(x0);
    for(i = 0; i < 64; i + +)
    {
        x2 = fai(x1);
        if( fabs(x2 - x1) < e )
            return 1;
        d = x2 - 2* x1 + x0;
        if(fabs(d) > 1.e - 20 )
        {
            x = (x0* x2 - x1* x1)/d;
            y = fai(x);
            if( fabs(x - y) < e )
                return 1;
        }
        x0 = x1;
        x1 = x2;
    }

    return 0;
}
```

表 2.3　埃特金加速程序实例测试结果

i	x_2-x_1	$y-x$	d
0	-0.1863	0.0816	0.1341
1	-0.0838	0.0107	0.1024
2	-0.0329	0.0014	0.0509
3	-0.0122	0.0002	0.0207
4	-0.0044	2.385e-5	0.0077
5	-0.0016	3.055e-6	0.0028

从表2.3可以看出，埃特金加速在迭代的开始阶段是非常有效的。值得注意的是，随着不断迭代，d 值趋于0，导致埃特金加速失效。此现象揭示了在数值计算中要避免相近数相减的原则。

2.4　牛顿法

1. 牛顿法的概念

牛顿法利用非线性方程 $f(x)=0$ 的切线实现迭代过程，是实用有效的求解非线性方程的方法之一。已知方程 $f(x)=0$ 的一个近似根 x_0，将 $f(x)$ 在 x_0 处做泰勒展开，得

$$f(x)=f(x_0)+f'(x_0)(x-x_0)+\frac{f''(x_0)}{2!}(x-x_0)^2+\cdots \tag{2.8}$$

取式（2.8）中的前两项来近似代替$f(x)$，则得近似的线性方程$f(x_0)+f'(x_0)(x-x_0)=0$。设$f'(x_0)\neq 0$，解得$x=x_0-\dfrac{f(x_0)}{f'(x_0)}$，将其作为近似根$x_1$，于是

$$x_{k+1}=x_k-\frac{f(x_k)}{f'(x_k)} \tag{2.9}$$

称式（2.9）为求解$f(x)=0$的**牛顿迭代公式**，$\{x_k\}$ 称为**牛顿迭代序列**。

牛顿法的几何意义是：求得x_k以后，过曲线$y=f(x)$上对应点（x_k，$f(x_k)$）作切线，切线为$y=f(x_k)+f'(x_k)(x-x_k)$。求切线和x轴的交点，即得x_{k+1}，因此牛顿法也称**切线法**，参考图2.12。对于$y=f(x)$有拐点且初始点不在零点附近，牛顿迭代可能不收敛，如图2.13所示。

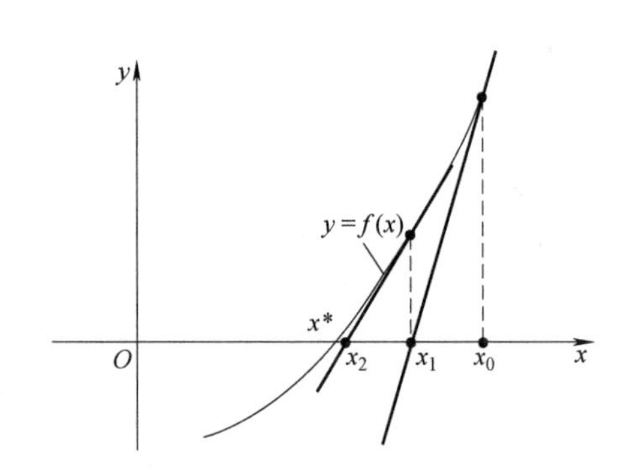

图2.12　牛顿法的迭代过程

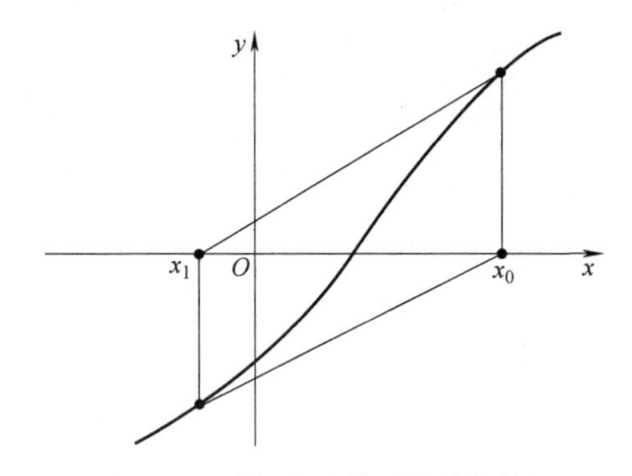

图2.13　牛顿法迭代不收敛的情况

2. 牛顿法的特性

（1）**收敛性**　将牛顿法公式对应的定点法迭代格式设为

$$\varphi(x)=x-\frac{f(x)}{f'(x)} \tag{2.10}$$

由于$|\varphi'(x)|=\dfrac{|f''(x)|}{[f'(x)]^2}|f(x)|$，若在根$x^*$某个邻域$R$：$|x^*-x|\leqslant\delta$内，且$f'(x)\neq 0$，$f''(x)$有界，只要$|f(x)|$充分小，就能使$|\varphi'(x)|\leqslant L<1$，则牛顿迭代法收敛于$x^*$。也就是说牛顿法在零点局部一定收敛，那么牛顿法在某个区间上的收敛条件是什么？

定理2.3　设$f(x)$在$[a, b]$上二阶导数连续，并且满足下列条件：

1）$f(a)f(b)<0$；

2）$f'(x)\neq 0$；

3）$f''(x)$保号，即$f''(x)$在$[a, b]$内恒大于0或恒小于0；

4）$\left|\dfrac{f(a)}{f'(a)}\right|\leqslant b-a$，$\left|\dfrac{f(b)}{f'(b)}\right|\leqslant b-a$，则对任意$[a, b]$内的初始值$x_0$牛顿迭代序列$\{x_k\}$收敛于$f(x)$在$[a, b]$上的唯一根$x^*$。

其中，条件1）保证根的存在，条件2）表示$f(x)$单调，所以根唯一，条件3）保证曲线的凸凹性不变，如图2.14所示。

下面证明定理2.3。

首先，假设$f'(x)>0$，即函数单增。由条件1）和条件2）可推出$\frac{f(a)}{f'(a)}\leqslant 0$和$\frac{f(b)}{f'(b)}\geqslant 0$。

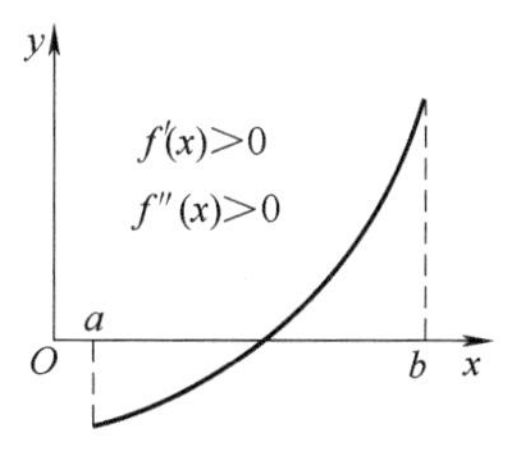

图2.14 $f''(x)$保号保证了函数凸凹性不变

其次，令$\varphi(x)=x-\frac{f(x)}{f'(x)}$，于是$\varphi'(x)=\frac{f''(x)}{[f'(x)]^2}f(x)$，令$x^*$满足$f(x^*)=0$，则$\varphi(x)$的极值只能是$\varphi(a)$、$\varphi(b)$和$\varphi(x^*)=x^*$，再根据条件4）得到$a\leqslant\varphi(x)\leqslant b$，这就证明了$\{x_k\}$**有界**。

然后，令$x=x_k$，$\Delta x=-\frac{f(x_k)}{f'(x_k)}$，将此两个式子代入泰勒公式$f(x+\Delta x)=f(x)+\Delta xf'(x)+\frac{\Delta x^2}{2}f''(\xi)$得$f(x_{k+1})=\frac{\Delta x^2}{2}f''(\xi)$，由于$f''(x)$保号，所以$f(x_{k+1})$保号，$\Delta x=-\frac{f(x_k)}{f'(x_k)}$也保号，所以$\{x_k\}$**单调**$(k>0)$。

最后，由$\{x_k\}$单调有界知$\{x_k\}$收敛。假设$\{x_k\}$收敛于$\overline{x}$，由于$x_{k+1}=x_k-\frac{f(x_k)}{f'(x_k)}$，所以$\frac{f(x_k)}{f'(x_k)}$收敛于0，即$f(\overline{x})$等于0。

（2）**平方收敛性** 牛顿法的优点是平方收敛的。将$f(x)$在x_k处按泰勒展开，x^*代替x得

$$f(x^*)=f(x_k)+f'(x_k)(x^*-x_k)+\frac{f''(\xi)}{2!}(x^*-x_k)^2=0 \tag{2.11}$$

所以有$f(x_k)+f'(x_k)(x^*-x_k)=-\frac{1}{2}f''(\xi)(x^*-x_k)^2$，用导数$f'(x_k)$除式（2.11）左右两端，整理后得到$x^*-x_k+\frac{f(x_k)}{f'(x_k)}=-\frac{1}{2}\frac{f''(\xi)}{f'(x_k)}(x^*-x_k)^2$，即$x^*-x_{k+1}=-\frac{1}{2}\frac{f''(\xi)}{f'(x_k)}(x^*-x_k)^2$。所以当$k\to\infty$时有

$$\frac{|x^*-x_{k+1}|}{|x^*-x_k|^2}=\left|\frac{f''(\xi)}{2f'(x_k)}\right|\to\left|\frac{f''(x^*)}{2f'(x^*)}\right| \tag{2.12}$$

故牛顿法是平方收敛的。

牛顿算法的流程图如图2.15所示。

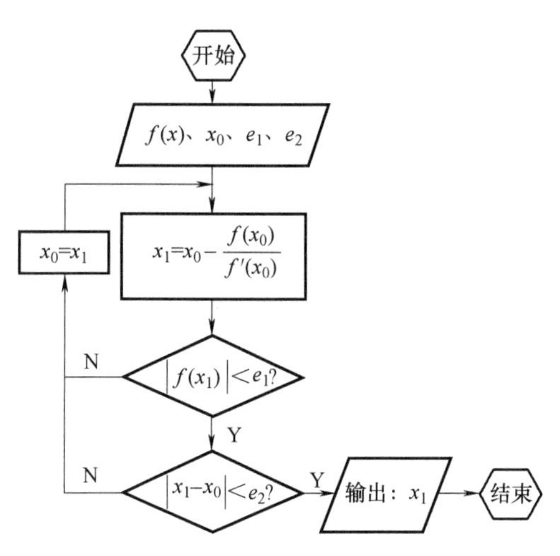

图2.15 牛顿法算法流程图
$(f'(x)\neq 0$，$e_1>0$，$e_2>0$是容差）

【例2.7】 用牛顿法求方程$f(x)=x(x+1)^2-1=0$在0.4附近的根。

解： 由于$f'(x)=(x+1)(3x+1)$，所以

$$x_{k+1}=x_k-\frac{f(x_k)}{f'(x_k)}=x_k-\frac{x_k(x_k+1)^2-1}{(x_k+1)(3x_k+1)}$$

迭代结果见表2.4，取x^*为0.46557。

表 2.4 例 2.7 的迭代结果

k	0	1	2	3
x_k	0.4	0.47013	0.46559	0.46557

【例 2.8】 构建牛顿迭代公式求解平方根$\sqrt{d}(d>0)$。

解：设$f(x)=x^2-d$，因为$f'(x)=2x$，得迭代公式

$$x_{k+1}=x_k-\frac{x_k^2-d}{2x_k}$$

化简得

$$x_{k+1}=\frac{1}{2}\left(x_k+\frac{d}{x_k}\right)$$

程序示例 2.7 为实现牛顿迭代过程的参考程序，其中（$f(x)$ 和 $df(x)$ 用于计算函数值及其导数值，容差 $e_1>0$ 用于判断迭代是否收敛，容差 $e_2>0$ 用于判断导数是否为 0）。

程序示例 2.7 牛顿迭代基本算法

```
double f(double x)
{
// 计算并返回函数值 f(x)...
}

double df(double x)
{
        // 计算并返回函数导数值 f'(x)...
}

// 牛顿迭代过程,x0 是初值
int newton(double(*f)(double x),
           double(*df)(double x),
           doublex0,
           double e1,
           double e2,
           intmax,
           double&x)
{
        int i;
        double y,d;

        x = x0;
        for( i =0; i < max; i + + )
        {
```

```
        y=f(x);
        d=df(x);
        if( fabs(d) < e2 )
        return 0;
        d=y/d;
        x-=d;
        if( fabs(d) < e1 ) // 收敛
        return 1;
    }

    return 0;
}
```

2.5 牛顿下山法

牛顿法对初始值 x_0 要求较高，而**牛顿下山法**可提高牛顿法的收敛性。将牛顿法迭代公式修改为

$$x_{k+1}=x_k-\lambda\frac{f(x_k)}{f'(x_k)} \tag{2.13}$$

其中 $k=0$，1，2，…，$\lambda>0$ 是一个参数，λ 的选取应使 $|f(x_{k+1})|<|f(x_k)|$ 成立。当 $|f(x_{k+1})|<\varepsilon_1$ 且 $|x_{k+1}-x_k|<\varepsilon_2$ 时（其中 ε_1 为 y 值精度，ε_2 为 x 值精度），就停止迭代，取 $x^*\approx x_{k+1}$，否则再减小 λ 继续迭代。按上述过程，可得到单调序列 $\{|f(x_k)|\}$。λ 称为**下山因子**，要求满足 $0<\varepsilon_\lambda\leqslant\lambda\leqslant1$，$\varepsilon_\lambda$ 为**下山因子下限**。一般可取 $\lambda=1$，$\frac{1}{2}$，$\frac{1}{2^2}$，…，$\lambda\geqslant\varepsilon_\lambda$，且使 $|f(x_{k+1})|<|f(x_k)|$。下山法放宽了初值 x_0 的选取条件，有时用牛顿法不收敛，但用牛顿下山法收敛。下面给出牛顿下山法的算法步骤。

算法2.2　牛顿下山法

```
Input:函数 f(x)满足 f'(x)≠0,初始值 x0,容差 ε1 >0,ε2 >0,最大循环次数 max
Output:根 x
Begin
    λ←1 // 置下山因子 λ 为1
    For i←0 to max,do
        x=x0 - λ f(x0)/f'(x0)
        If |f(x)|<ε1 and |x-x0|<ε2,then
            Return Success
        End If
        If|f(x)|<|f(x0)|,then
            x0←x
```

```
            λ←1
        Else
            λ←0.5×λ
        End If
    End For
    Return Error
End
```


例如方程$f(x)=x^3-x-1=0$的一个根为$x^*\approx1.32472$，若取初值$x_0=0.58$，用牛顿法计算$x_1=x_0-\frac{f(x_0)}{f'(x_0)}$，则$x_1$比$x_0$误差更大，导致迭代不收敛。改用牛顿下山法$x_{k+1}=x_k-\lambda\frac{f(x_k)}{f'(x_k)}$，$k=0, 1, 2, \cdots$，$\lambda$的取值及迭代结果见表2.5。

表2.5　牛顿下山法迭代过程

k	x_k	$f(x_k)$	λ
0	0.58	-1.3848	0.001
1	0.73053	-1.34066	0.05
2	0.84206	-1.24498	0.1
3	0.95251	-1.08832	0.5
4	1.26855	-0.22719	1
5	1.32790	0.01362	1
6	1.32473	4.01009×10^{-5}	1
7	1.32472	3.51380×10^{-10}	1

为对比分析牛顿法和牛顿下山法，程序示例2.8分别用此两种方法迭代计算点到椭圆的最近距离。在一百万次计算中牛顿法失败1045次，牛顿下山法失败18次，所以牛顿下山法显著提高了迭代成功率。

程序示例2.8　点到椭圆最近点计算程序

```
//a,b是椭圆(x^2/a^2+y^2/b^2=1)长短轴长,(x,y)是一点
static double a=1.,b=0.5,x=0.,y=0.;
//点P=(x,y)到椭圆上的点Q=(a*cos(t),b*sin(t))的距离为:
//d(t)=(a*cos(t)-x)^2+(b*sin(t)-y)^2,当Q是最近点时d'(t)=0,即:
//(a*cos(t)-x)*(-a*sin(t))+(b*sin(t)-y)*b*cos(t)=0
double f(double t)
{
    double c=cos(t),s=sin(t);
    return (b*b-a*a)*c*s+x*a*s-y*b*c;
}

double df(double t)
{
    double c=cos(t),s=sin(t);
```

```
    return (b* b - a* a)* (c* c - s* s) + x* a* c + y* b* s;
}

// Newton method, return 0:no root, 1:one root
int newton(double (* f)(double t),
           double (* df)(double t),
           double t0,
           double e,
           int max,
           double& t)
{
    int i;
    double Y, d;

    t = t0;
    for( i = 0; i < max; i ++ )
    {
        Y = f(t);
        d = df(t);
        if(fabs(d) < 1e-100 )
        return 0; // error
        d = Y/d;
        t -= d;
        if(fabs(Y) < e)
        return 1;
    }

    return 0;
}

// Newton down_hill method, return 0:no root, 1:one root
int newton2(double (* f)(double t),
            double (* df)(double t),
            double t0,
            double e,
            int max,
            double& t)
{
    int i, j;
    double Y, d, old, lemda;

    t = t0;
    for( i = 0; i < max; i ++ )
```

```
        {
            old=f(t);
            d=df(t);
            if( fabs(d) < 1e-100 )
                return 0; // error
            d=old/d;
            lemda=1.;
            for( j=0; j < 8; j++ )
            {
                Y=f(t-lemda* d);
                if( fabs(old) > fabs(Y) )
                    break;
                lemda *=(-0.5);
            }
            if( j < 8 ) // 调整 lemda 因子成功
                t -=lemda* d;
            else // 调整 lemda 因子失败
            {
                t -=d;
                Y=f(t);
            }
            if( fabs(Y) < e )
                return 1;
        }

        return 0;
}

int main()
{
        int unsuc=0;
        double t0,t;

        for( int i=0; i < 1000000; i++ ) // 1 百万次
        {
            x=(double)rand()/RAND_MAX;
            y=(double)rand()/RAND_MAX;
            t0=atan2(y,x); // [-PI,PI]
            //if( newton(f,df,t0,1.e-6,256,t) ==0 ) // 失败率:1045/1000000
            if( newton2(f,df,t0,1.e-6,256,t) ==0 ) // 失败率:18/1000000
                unsuc++;
        }

        return 0;
}
```

2.6 弦截法

牛顿法有较高的收敛速度，但要计算函数的导数，则有一定的计算量。本节给出的算法采用近似值取代函数导数，简化了牛顿迭代算法。

1. 单点弦截法

用平均变化率$\frac{f(x_k)-f(x_0)}{x_k-x_0}$来替代牛顿迭代公式$x_{k+1}=x_k-\frac{f(x_k)}{f'(x_k)}$中的导数$f'(x_k)$，得到迭代公式

$$x_{k+1}=x_k-\frac{f(x_k)}{f(x_k)-f(x_0)}(x_k-x_0) \tag{2.14}$$

式（2.14）称为**单点弦截法迭代公式**。单点弦截法的几何意义如图2.16所示。两点$(x_k, f(x_k))$和$(x_0, f(x_0))$连线交x轴得x_{k+1}，连线均以$(x_0, f(x_0))$作为一个端点，只有一个端点不断更换，故命名为单点弦截法。不断重复这个过程得到$\{x_n\}$，$\{x_n\}$逼近曲线$y=f(x)$与x轴交点的横坐标x^*。

2. 双点弦截法

改用$\frac{f(x_k)-f(x_{k-1})}{x_k-x_{k-1}}$代替导数$f'(x_k)$，就可以得到双点弦截法迭代公式

$$x_{k+1}=x_k-\frac{f(x_k)}{f(x_k)-f(x_{k-1})}(x_k-x_{k-1}) \tag{2.15}$$

双点弦截法的几何意义如图2.17所示。两点$(x_{k-1}, f(x_{k-1}))$和$(x_k, f(x_k))$连线与x轴交点的横坐标记为x_{k+1}，不断重复这个过程得到$\{x_n\}$，$\{x_n\}$逼近曲线$y=f(x)$与x轴交点的横坐标x^*。双点弦截法具有超线性收敛速度。注意在双点弦截法中，从两个初始点x_0和x_1开始迭代。假设$f(x_0)f(x_1)<0$，当x_{k+1}确定后，如果$f(x_k)f(x_{k+1})>0$，则可以选择用x_{k-1}取代x_k后再计算x_{k+2}，从而保持$f(x_k)f(x_{k+1})<0$。

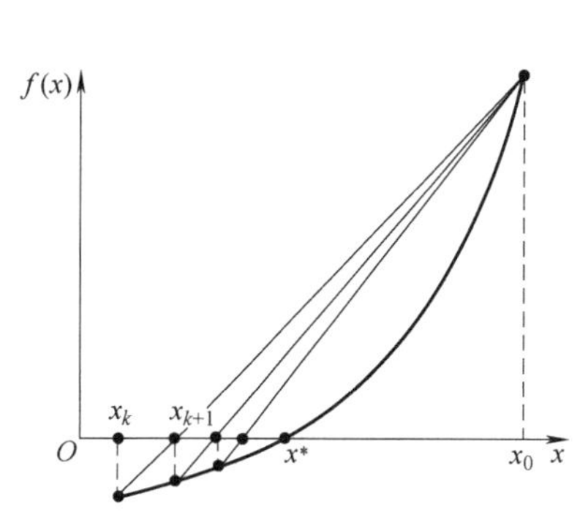

图2.16　单点弦截法

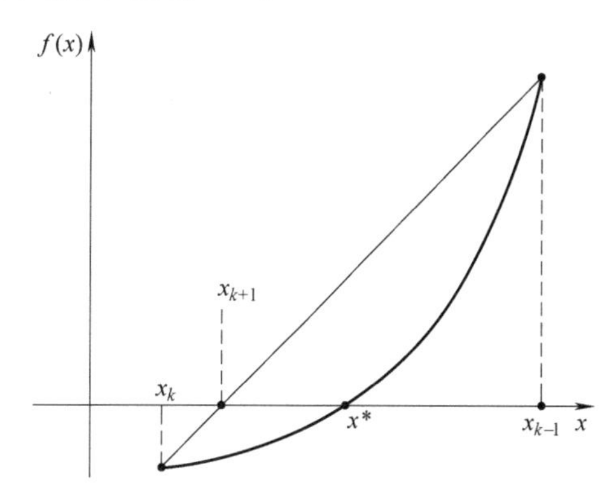

图2.17　双点弦截法

3. 穆勒方法

穆勒（Muller）方法本质上也是弦截法。对于方程$f(x)=0$，该方法输入为x_0，x_1，x_2及对应的函数值f_0，f_1，f_2，如图2.18所示。构造一条二次函数$g(x)=ax^2+bx+c$满足$g(x_i)=f_i$，$i=0,1,2$，然后计算$g(x)=0$的零点，取一个合适的零点作为$f(x)=0$的近似根。若未达到收敛条件，则用该零点更新x_0，x_1，x_2和f_0，f_1，f_2，继续迭代。

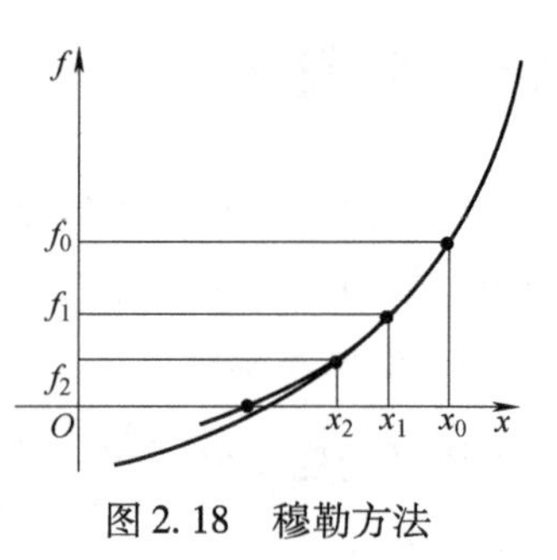

图2.18　穆勒方法

2.7　哈雷法

对于非线性方程$f(x)=0$，牛顿法在初始点x_0处构造切线，切线与x轴相交得到近似零点。按照此思路，可构造高阶收敛的迭代方法。例如构造二次函数$g(x)$，该函数在初始点x_0处满足$g(x_0)=f(x_0)$，$g'(x_0)=f'(x_0)$，$g''(x_0)=f''(x_0)$，用$g(x)$的零点作为$f(x)=0$的近似零点，通过迭代得到$f(x)=0$满足精度要求的零点。或者构造圆弧，该圆弧在初始点x_0处与$f(x)=0$对应的曲线相切且具有相同的曲率中心。假设x_k是$f(x)=0$的近似零点，根据泰勒公式，得

$$f(x)\approx f(x_k)+f'(x_k)(x-x_k)+\frac{f''(x_k)}{2}(x-x_k)^2 \tag{2.16}$$

如何选取下一个迭代点x_{k+1}呢？为使x_{k+1}进一步接近零点，x_{k+1}最好满足如下等式：

$$0=f(x_k)+f'(x_k)(x_{k+1}-x_k)+\frac{f''(x_k)}{2}(x_{k+1}-x_k)^2 \tag{2.17}$$

于是

$$0=f(x_k)+(x_{k+1}-x_k)\left[f'(x_k)+\frac{f''(x_k)}{2}(x_{k+1}-x_k)\right] \tag{2.18}$$

$$x_{k+1}=x_k-\frac{f(x_k)}{f'(x_k)+\frac{f''(x_k)}{2}(x_{k+1}-x_k)} \tag{2.19}$$

从式（2.18）中直接解出x_{k+1}有一定的困难，这里使用一个技巧，即将式（2.18）改写成式（2.19）后，再用牛顿迭代公式$x_{k+1}-x_k=-\frac{f(x_k)}{f'(x_k)}$替换$x_{k+1}-x_k$，于是得到哈雷（Halley）迭代公式

$$x_{k+1}=x_k-\frac{f(x_k)f'(x_k)}{f'(x_k)^2-f''(x_k)f(x_k)/2} \tag{2.20}$$

哈雷迭代公式收敛速度是3阶的。

2.8　非线性方程组

与求解单变量非线性方程相比，求解非线性方程组的难度要大得多。一维情形较易找到根的范围，而多维情况则很难确定解集的结构。单变量非线性方程的解可能是孤立的

“点”，双变量非线性方程组的解集可以构成“曲线”，而三个变量的非线性方程组的解集也许是“曲面”。总之，非线性方程组的解集（解空间）可能相当复杂，如图2.19所示。

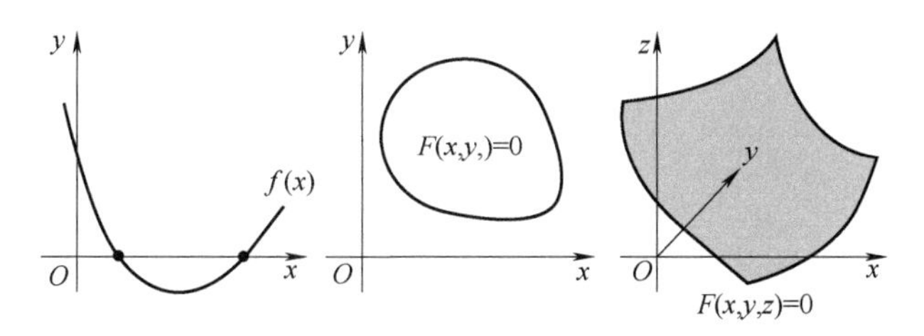

图2.19　非线性方程与非线性方程组的解集结构对比

非线性方程组表示为

$$\begin{cases} f_1(x_1,x_2,\cdots,x_n)=0 \\ \vdots \\ f_m(x_1,x_2,\cdots,x_n)=0 \end{cases} \tag{2.21}$$

式（2.21）简记为

$$\boldsymbol{F}(\boldsymbol{X})=\begin{pmatrix} f_1(\boldsymbol{X}) \\ \vdots \\ f_m(\boldsymbol{X}) \end{pmatrix} \tag{2.22}$$

方程组的雅可比(Jacobi)矩阵记为

$$\boldsymbol{J}(\boldsymbol{X})=\begin{pmatrix} \dfrac{\partial f_1}{\partial x_1} & \cdots & \dfrac{\partial f_1}{\partial x_n} \\ \vdots & & \vdots \\ \dfrac{\partial f_m}{\partial x_1} & \cdots & \dfrac{\partial f_m}{\partial x_n} \end{pmatrix}_{m\times n} \tag{2.23}$$

根据多元函数的泰勒公式

$$\boldsymbol{F}(\boldsymbol{X}+\Delta\boldsymbol{X})\approx\boldsymbol{F}(\boldsymbol{X})+\boldsymbol{J}(\boldsymbol{X})\Delta\boldsymbol{X} \tag{2.24}$$

利用牛顿迭代方法，在有初始值的情况下，可以通过数值方法解方程（2.24），得到

$$\Delta\boldsymbol{X}=-(\boldsymbol{J}(\boldsymbol{X}))^{+}\boldsymbol{F}(\boldsymbol{X}) \tag{2.25}$$

式（2.25）中上标“+”表示**广义逆矩阵**。下面以二元非线性方程组（2.26）为例推导牛顿迭代公式：

$$\begin{cases} f(x,y)=0 \\ g(x,y)=0 \end{cases} \tag{2.26}$$

根据多元函数的泰勒展开公式，可推出以下两个公式：

$$f(x+\Delta x,y+\Delta y)\approx f(x,y)+\Delta x f_x(x,y)+\Delta y f_y(x,y) \tag{2.27}$$

$$g(x+\Delta x,y+\Delta y)\approx g(x,y)+\Delta x g_x(x,y)+\Delta y g_y(x,y) \tag{2.28}$$

令

$$f(x,y)+\Delta x f_x(x,y)+\Delta y f_y(x,y)=0 \tag{2.29}$$

$$g(x,y)+\Delta x g_x(x,y)+\Delta y g_y(x,y)=0 \tag{2.30}$$

可以得到

$$\Delta x=\frac{\begin{vmatrix}-f & f_y\\ -g & g_y\end{vmatrix}}{\begin{vmatrix}f_x & f_y\\ g_x & g_y\end{vmatrix}}\quad \Delta y=\frac{\begin{vmatrix}f_x & -f\\ g_x & -g\end{vmatrix}}{\begin{vmatrix}f_x & f_y\\ g_x & g_y\end{vmatrix}} \tag{2.31}$$

写成迭代公式的形式：

$$x_{k+1}=x_k-\frac{\begin{vmatrix}f & f_y\\ g & g_y\end{vmatrix}}{\begin{vmatrix}f_x & f_y\\ g_x & g_y\end{vmatrix}}\quad y_{k+1}=y_k-\frac{\begin{vmatrix}f_x & f\\ g_x & g\end{vmatrix}}{\begin{vmatrix}f_x & f_y\\ g_x & g_y\end{vmatrix}} \tag{2.32}$$

注意式（2.32）中f，f_x，f_y，g，g_x，g_y 略去了自变量（x_k，y_k）。

为减少计算量和提高解的精度，一般不会直接利用上述方法求解。首先需要对方程组进行**分解**，最大限度地降低数值求解过程中变量和方程的个数，最简单的分解是分块，使相互独立的方程组可以单独被求解。式（2.33）是一个 4 个变量的非线性方程组，分块后各块（2 个方程 2 个变量）可依次单独求解：

$$\begin{pmatrix}x_1+x_2+x_3+x_4\\ x_1-x_2\\ x_1^2+x_2^2+x_3^2+x_4^2\\ x_1+x_2\end{pmatrix}=\begin{pmatrix}5\\2\\11\\4\end{pmatrix}\Rightarrow\begin{pmatrix}x_1-x_2\\ x_1+x_2\\ x_1+x_2+x_3+x_4\\ x_1^2+x_2^2+x_3^2+x_4^2\end{pmatrix}=\begin{pmatrix}2\\4\\5\\11\end{pmatrix} \tag{2.33}$$

下面以草图约束求解为例，进一步说明在实际应用中非线性方程组的求解过程。在三维特征造型系统中，草图求解非常重要。草图就是一个几何约束系统，将点、线段、圆转化为变量，将几何约束（如平行、垂直等关系）和尺寸约束（如距离、半径等标注）转化为方程，可将草图对应为非线性方程组。图 2.20 所示是由 6 个点（$A\sim F$）、9 个约束（$d_1\sim d_9$）构成的草图，该草图对应一个 12 个变量（一个点对应两个变量）、9 个方程（一个约束对应一个方程）的非线性方程组。在求解过程中，草图通常被看作是一个图 $\Omega=(V,\ E)$（图论中的图），顶点集合 V 就是点、线段、圆等几何元素，边集合 E 就是几何元素之间的尺寸约束或几何约束。通过特殊算法可以将图 Ω 分解为子图，再用数值方法单独求解。图 2.21 中的△ABC 和△DEF 构成刚体 1 和刚体 2，图中带 2 的圆圈表示一个点有两个自由度，可以先单独求解两个刚体，再将两个刚体作为独立的整体求解，满足约束 d_7、d_8、d_9。该方法降低了方程求解规模，提高了解的精度。

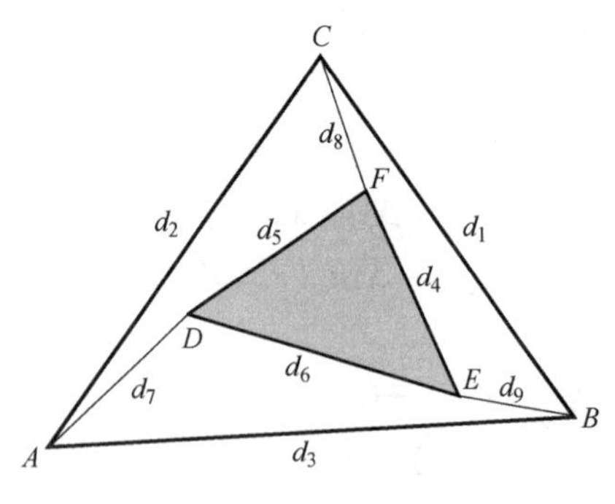

图 2.20　草图

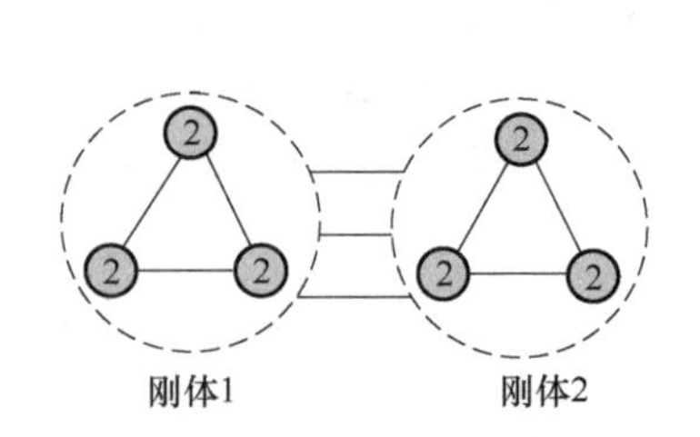

图 2.21　△ABC 和△DEF 构成两个刚体

2.9 迭代法的应用

迭代法在解决实际问题时有着广泛的应用。下面给出一个迭代法的应用实例。

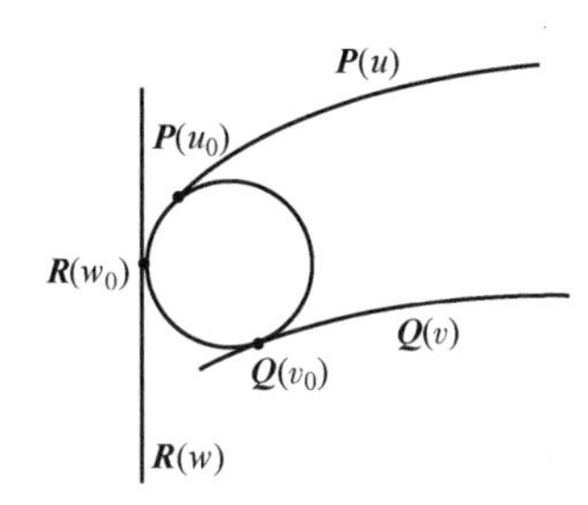

图 2.22 三边倒圆在叶片截面线建模中的应用

【例 2.9】 三边倒圆（见图 2.22）。已知平面曲线 $\boldsymbol{P}(u)$，$\boldsymbol{Q}(v)$，$\boldsymbol{R}(w)$ 及初始切点 $\boldsymbol{P}(u_0)$，$\boldsymbol{Q}(v_0)$，$\boldsymbol{R}(w_0)$，求圆心 $\boldsymbol{O}(x, y)$ 和半径 r，使对应的圆与三条曲线相切。这里曲线是用矢量的形式表示的，例如 $\boldsymbol{P}(u)=\begin{pmatrix}\cos u\\ \sin u\end{pmatrix}$。

解：根据曲线和圆相切的几何条件可以列出方程组

$$\begin{cases}(\boldsymbol{P}(u)-\boldsymbol{O},\boldsymbol{P}_u(u))=0\\(\boldsymbol{Q}(v)-\boldsymbol{O},\boldsymbol{Q}_v(v))=0\\(\boldsymbol{R}(w)-\boldsymbol{O},\boldsymbol{R}_w(w))=0\\(\boldsymbol{P}(u)-\boldsymbol{O},\boldsymbol{P}(u)-\boldsymbol{O})=r^2\\(\boldsymbol{Q}(v)-\boldsymbol{O},\boldsymbol{Q}(v)-\boldsymbol{O})=r^2\\(\boldsymbol{R}(w)-\boldsymbol{O},\boldsymbol{R}(w)-\boldsymbol{O})=r^2\end{cases}\tag{2.34}$$

在此非线性方程组中，变量为 u，v，w，x，y，r，前 3 个方程表示相切，后 3 个方程表示切点到圆心的距离等于半径，(,) 表示矢量的内积。令

$$a(u,v,w,x,y,r)=(\boldsymbol{P}(u)-\boldsymbol{O},\boldsymbol{P}_u(u))\tag{2.35}$$

$$b(u,v,w,x,y,r)=(\boldsymbol{Q}(v)-\boldsymbol{O},\boldsymbol{Q}_v(v))\tag{2.36}$$

$$c(u,v,w,x,y,r)=(\boldsymbol{R}(w)-\boldsymbol{O},\boldsymbol{R}_w(w))\tag{2.37}$$

$$d(u,v,w,x,y,r)=(\boldsymbol{P}(u)-\boldsymbol{O},\boldsymbol{P}(u)-\boldsymbol{O})-r^2\tag{2.38}$$

$$e(u,v,w,x,y,r)=(\boldsymbol{Q}(v)-\boldsymbol{O},\boldsymbol{Q}(v)-\boldsymbol{O})-r^2\tag{2.39}$$

$$f(u,v,w,x,y,r)=(\boldsymbol{R}(w)-\boldsymbol{O},\boldsymbol{R}(w)-\boldsymbol{O})-r^2\tag{2.40}$$

构造迭代公式

$$\begin{pmatrix}a_u & a_v & a_w & a_x & a_y & a_r\\ b_u & b_v & b_w & b_x & b_y & b_r\\ c_u & c_v & c_w & c_x & c_y & c_r\\ d_u & d_v & d_w & d_x & d_y & d_r\\ e_u & e_v & e_w & e_x & e_y & e_r\\ f_u & f_v & f_w & f_x & f_y & f_r\end{pmatrix}\begin{pmatrix}\Delta u\\ \Delta v\\ \Delta w\\ \Delta x\\ \Delta y\\ \Delta r\end{pmatrix}=\begin{pmatrix}-a\\ -b\\ -c\\ -d\\ -e\\ -f\end{pmatrix}\tag{2.41}$$

其中 u，v，w 的初始值是已知的，过 $\boldsymbol{P}(u_0)$，$\boldsymbol{Q}(v_0)$，$\boldsymbol{R}(w_0)$ 三个点作圆得到圆心和半径的初始值 x_0，y_0，r_0。通过下面的迭代公式得到满足精度要求的圆心和半径：

$$\begin{cases} u_{n+1} = u_n + \Delta u \\ v_{n+1} = v_n + \Delta v \\ w_{n+1} = w_n + \Delta w \\ x_{n+1} = x_n + \Delta x \\ y_{n+1} = y_n + \Delta y \\ r_{n+1} = r_n + \Delta r \end{cases} \tag{2.42}$$

2.10 总结

用数值方法求解非线性方程，优点是：①算法通用性强、②算法实现简单，缺点是：①精度低、②效率低、③有时给出的解不合理。关于非线性方程及非线性方程组，不存在通用的求解方法，确定解的结构、范围最困难，可根据初始值用牛顿法迭代得到单个解。在数值计算中，迭代是一种最常用的思路。

练 习 题

1. 定点法的收敛条件是什么？

2. 输入函数 $f(x)$，区间 $[a, b]$，容差 $\varepsilon > 0$，最大迭代次数 MAXIT，试绘制二分法求解过程的算法流程图。

3. 用二分法在区间 $[0, 1]$ 内求解 $f(x) = e^x - 2$（自定合理的收敛条件，要求至少迭代 10 次），①用 C 语言实现求解算法；②根据收敛速度的定义估算此迭代过程的收敛速度；③给出用双精度浮点数求解此方程所能达到的最高精度的根。

4. 在 2.3 节中给出的收敛速度定义是否适用于二分法？

5. 输入函数 $x = \varphi(x)$、给定区间 $[a, b]$ 及收敛容差 ε，绘制出使用定点法求解的流程图、编程实现使用埃特金加速算法求解并做完整测试。

6. 牛顿迭代的收敛条件是什么？

7. 编写一个求解一元二次方程的算法，要求用修正的求根公式得到根之后，用牛顿法迭代提高解的精度，参考下面产生随机数的代码，用随机数验证该算法。

程序示例 2.9 生成 [0, 1] 随机数的程序

```
#include "stdafx.h"
#include "stdlib.h"
#include "time.h"

int main()
{
```

```
    srand((unsigned)time(NULL)); // 用当前时间设定种子
    double r = (double)rand()/RAND_MAX; // 生成一个[0,1]内的随机数
return 0;
}
```


8. 基于牛顿下山法用C语言实现求二维点（x_0，y_0）到椭圆（方程为$\frac{x^2}{a^2}+\frac{y^2}{b^2}=1$）最近距离的算法，并用随机数验证算法的有效性。点到椭圆最近距离的相关几何关系如图2.23所示。

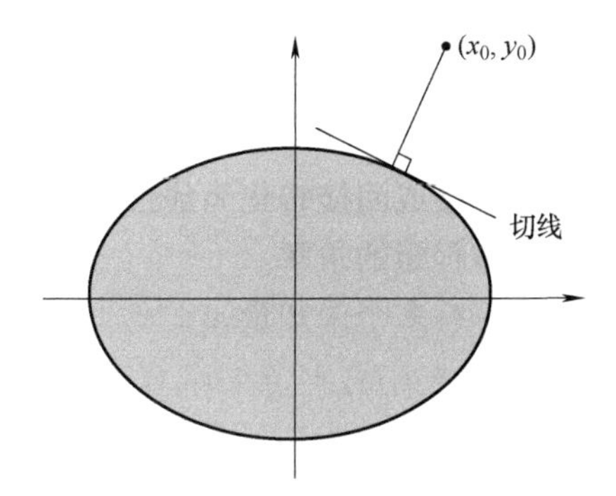

图2.23　点到椭圆最近距离

9. （1）给定f_0，f_1，f_2，f_3，求系数a，b，c，d使有理多项式$\lambda(t)=\frac{t+d}{at^2+bt+c}$满足当$t=0$时函数值及1至3阶导数为$f_0$，$f_1$，$f_2$，$f_3$；

（2）试以（1）的结果为依据构造出求解非线性方程的迭代公式，并分析收敛速度。

第3章

线性方程组

大量工程数值计算问题都可以直接或间接转化为线性方程组进行求解。求解非线性方程组时，每一步牛顿迭代都涉及线性方程组的求解。

许多工程技术问题可归结为求解有多个未知量 x_1，x_2，…，x_n 的**线性方程组**：

$$\begin{cases} a_{11}x_1 + a_{12}x_2 + \cdots + a_{1n}x_n = b_1 \\ a_{21}x_1 + a_{22}x_2 + \cdots + a_{2n}x_n = b_2 \\ \quad\quad\quad\quad\vdots \\ a_{n1}x_1 + a_{n2}x_2 + \cdots + a_{nn}x_n = b_n \end{cases} \tag{3.1}$$

式（3.1）中，a_{ij}为系数。方程组的矩阵形式为

$$\boldsymbol{AX} = \boldsymbol{B} \tag{3.2}$$

其中 $\boldsymbol{A} = \begin{pmatrix} a_{11} & a_{12} & \cdots & a_{1n} \\ a_{21} & a_{22} & \cdots & a_{2n} \\ \vdots & \vdots & & \vdots \\ a_{n1} & a_{n2} & \cdots & a_{nn} \end{pmatrix}$，$\boldsymbol{X} = \begin{pmatrix} x_1 \\ x_2 \\ \vdots \\ x_n \end{pmatrix}$，$\boldsymbol{B} = \begin{pmatrix} b_1 \\ b_2 \\ \vdots \\ b_n \end{pmatrix}$。如果 b_i 都为0，则称方程组（3.1）为**齐次线性方程组**。

关于线性方程组的**克莱姆法则**（Cramer's Rule）：如果行列式

$$D = \begin{vmatrix} a_{11} & a_{12} & \cdots & a_{1n} \\ a_{21} & a_{22} & \cdots & a_{2n} \\ \vdots & \vdots & & \vdots \\ a_{n1} & a_{n2} & \cdots & a_{nn} \end{vmatrix} \neq 0 \tag{3.3}$$

则方程组有唯一解：

$$x_i = \frac{D_i}{D}, \ i = 1, 2, \cdots, n \tag{3.4}$$

其中 D_i 是将 D 的第 i 列置换为向量 $\boldsymbol{B}$ 得到的。根据矩阵的秩分解定理，齐次线性方程组有非零解的充分必要条件是 $D=0$。

行列式的几何意义是一组向量所张成的子空间的体积。二维平面上两个向量 $\begin{pmatrix} a \\ b \end{pmatrix}$ 和

$\begin{pmatrix} c \\ d \end{pmatrix}$所构成的平行四边形的面积等于$|ad-bc|$，而$ad-bc$等于$\begin{vmatrix} a & c \\ b & d \end{vmatrix}$（见图3.1）；三维空间中的三个向量$\boldsymbol{v}_1=\begin{pmatrix} x_1 \\ y_1 \\ z_1 \end{pmatrix}$、$\boldsymbol{v}_2=\begin{pmatrix} x_2 \\ y_2 \\ z_2 \end{pmatrix}$和$\boldsymbol{v}_3=\begin{pmatrix} x_3 \\ y_3 \\ z_3 \end{pmatrix}$所构成的平行六面体的体积等于混合积$|(\boldsymbol{v}_1, \boldsymbol{v}_2, \boldsymbol{v}_3)|$，即$|(\boldsymbol{v}_1\times\boldsymbol{v}_2, \boldsymbol{v}_3)|$，而$(\boldsymbol{v}_1\times\boldsymbol{v}_2, \boldsymbol{v}_3)=\begin{vmatrix} x_1 & x_2 & x_3 \\ y_1 & y_2 & y_3 \\ z_1 & z_2 & z_3 \end{vmatrix}$。

依据定义直接计算行列式时间复杂度为$O(n!)$，采用初等变换法计算其时间复杂度为$O(n^3)$。高阶行列式的计算受舍入误差的影响非常大。用克莱姆法则来求解线性代数方程组运算量大，不稳定，缺乏实用性。以希尔伯特（Hilbert）矩阵$\boldsymbol{H}_n=\begin{pmatrix} 1 & \frac{1}{2} & \cdots & \frac{1}{n} \\ \frac{1}{2} & \frac{1}{3} & \cdots & \frac{1}{n+1} \\ \vdots & \vdots & & \vdots \\ \frac{1}{n} & \frac{1}{n+1} & \cdots & \frac{1}{2n-1} \end{pmatrix}$为例验证行列式计算与方程求解。取$n=5$、10、15，求解线性方程组$\boldsymbol{H}_n\boldsymbol{X}=\begin{pmatrix} 1 \\ \vdots \\ 1 \end{pmatrix}$后，再将解$\boldsymbol{X}$回代方程，比较每个方程的值与1的偏差，结果见表3.1。

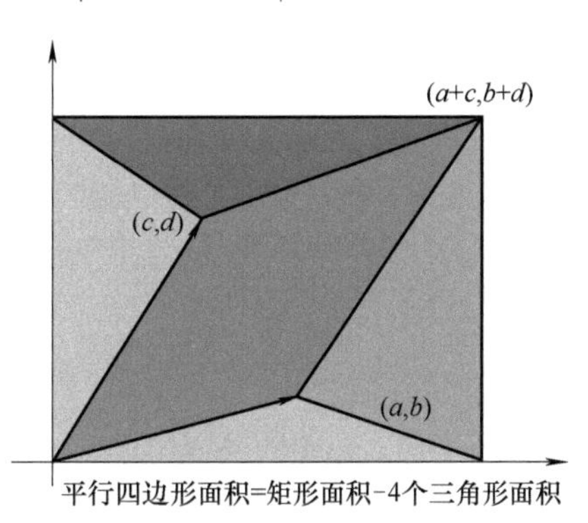

图3.1　二阶行列式与平行四边形面积的关系

表3.1　用克莱姆法则求解线性方程组结果对比

n	5	10	15
最大偏差	2.1×10^{-11}	0.03	1.7×10^{4}

求解行列式的代码如下。

程序示例3.1　一种矩阵数据结构及行列式的计算

```
typedef double* M;
M* mCreate(int nRow,int nCol) // 给 nRow 行 nCol 列的矩阵分配内存
{
    M* m=new double* [nRow];
    m[0]=new double[nRow* nCol];
    for(int i=1; i < nRow; i++)
        m[i]=m[i-1]+nCol;
    return m;
```

```
}
void mFree(M* m)
    {
    if( m = =NULL )
        Return;
    if( m[0] )
        delete [](m[0]);
    delete []m;
}

M* mCopy(M* A,int nRow,int nCol)
{
    M* copy =mCreate(nRow,nCol);
    memcpy(copy[0],A[0],sizeof(double)* nRow* nCol);
    return copy;
}

void mET_r1(M* A,int nRow,int nCol,int i1,int i2) // 对行的初等变换,两行对调
{
    for(int j =0; j < nCol; j + +)
    {
        double d =A[i1][j];
        A[i1][j] =A[i2][j];
        A[i2][j] =d;
    }
}

void mET_r2(M* A,int nRow,int nCol,int i,double d) // 对行的初等变换,第 i 行乘以 d
{
    for(int j =0; j < nCol; j + +)
        A[i][j] * =d;
}

//对行的初等变换,第 i1 行乘以 d 加到第 i2 行上
void mET_r3(M* A,int nRow,int nCol,int i1,int i2,double d)
{
    for(int j =0; j < nCol; j + + )
        A[i2][j] + =A[i1][j]* d;
}

//用对行的初等变换计算矩阵 A 的行列式,A 为 n 阶方阵,e 用于判断是否为 0
double mDet(M* A,int n,double e)
```

```
{
    int i,j,k,I;
    double det =1.,max,a;
    M* B =mCopy(A,n,n);

    for( j =0; j < n -1; j + + )
    {
        I =j; // 第 j 行
        max = fabs(B[j][j]);
        for( i =j +1; i < n; i + + ) // 找第 j 列中第 j 行后绝对值最大的元素
        {
            a = fabs(B[i][j]);
            if( max < a )
            {
                max = a;
                I = i;
            }
        }
        if( I ! =j )
            mET_r1(B,n,n,j,I); // 把绝对值最大的元素所在行交换到第 j 行
        if( max > e ) // max ! =0
        {
            max =B[j][j];
            for( i =j +1; i < n; i + + ) // 遍历第 j +1,j +2,... 行
            {
                a = -B[i][j]/max;
                B[i][j] =0.; // 把第 i 行第 j 列元素消成 0
                for( k =j +1; k < n; k + + ) // 遍历第 j +1,j +2,... 列
                    B[i][k] + = (a* B[j][k]); // 对行的初等变换
            }
        }
        det * = (B[j][j]* (I = =j? 1: -1));
    }
    det * =B[n -1][n -1];
    mFree(B);

    return det;
}
```

从几何的角度看，一个线性方程 $a_{i1}x_1 + a_{i2}x_2 + \cdots + a_{in}x_n = b_i$ 对应一个 n 维线性空间中的超平面，解线性方程组相当于若干超平面求交。例如二元线性方程组的解是两条直线的交集（可能是点或直线），三元线性方程组的解是三张平面的交集（可能是点、直线或平面），如图 3.2 所示。

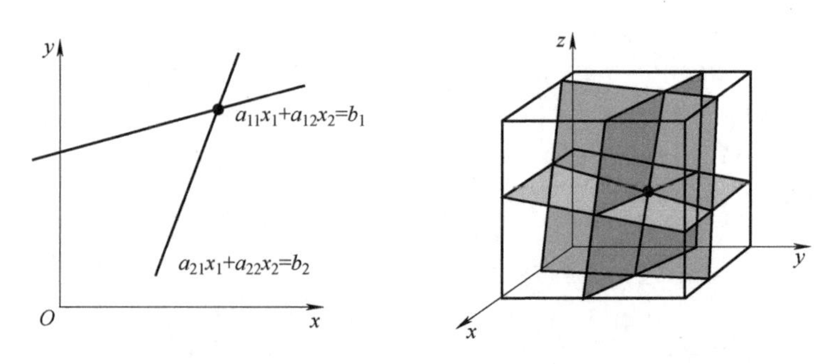

图 3.2　二元和三元线性方程组的几何意义

线性方程组的数值解法有**直接法**和**间接法**两大类。利用基于线性方程组解析解的计算过程求解线性方程组的方法称为直接法；根据初始解，通过迭代过程得到满足精度要求的解，这种求解线性方程组的方法称为间接法。

3.1　高斯消元法

高斯（Gauss）消元法思路是通过逐步消元，把方程组的系数矩阵转化为三角形矩阵，再通过回代求解此三角形方程组。

三角形方程组分为下三角形 $\begin{cases} a_{11}x_1 = b_1 \\ a_{21}x_1 + a_{22}x_2 = b_2 \\ \vdots \\ a_{n1}x_1 + a_{n2}x_2 + \cdots + a_{nn}x_n = b_n \end{cases}$ 和上三角形 $\begin{cases} a_{11}x_1 + a_{12}x_2 + \cdots + a_{1n}x_n = b_1 \\ a_{22}x_2 + \cdots + a_{2n}x_n = b_2 \\ \vdots \\ a_{nn}x_n = b_n \end{cases}$ 两类。若 $a_{ii} \neq 0$，$i=1, 2, \cdots, n$，则下三角形方程组的解为

$$\begin{cases} x_1 = \dfrac{b_1}{a_{11}} \\ x_k = (b_k - a_{k1}x_1 - a_{k2}x_2 - \cdots - a_{k,k-1}x_{k-1})/a_{kk} \end{cases}, k=2,3,\cdots,n \tag{3.5}$$

依次求解 x_1，…，x_n 的过程称为**前推**。若 $a_{ii} \neq 0$，$i=1, 2, \cdots, n$，则上三角形方程组的解为

$$\begin{cases} x_n = \dfrac{b_n}{a_{nn}} \\ x_k = (b_k - a_{k,k+1}x_{k+1} - \cdots - a_{kn}x_n)/a_{kk} \end{cases}, k=n-1,n-2,\cdots,1 \tag{3.6}$$

依次求解 x_n，…，x_1 的过程称为**回代**。高斯消元法过程分为**消元**与**回代**两个过程，算法复杂度为 $O(n^3)$。下面给出一个高斯消元法的过程实例。

【例 3.1】 求解

$$\begin{cases} 2x_1 + 3x_2 + 4x_3 = 6 & (1) \\ 3x_1 + 5x_2 + 2x_3 = 5 & (2) \\ 4x_1 + 3x_2 + 30x_3 = 32 & (3) \end{cases}$$

解：方程（1）乘 -1.5 后加到方程（2）上，方程（1）乘 -2 后加方程（3）上，可消去方程（2）、（3）中 x_1，得到

$$\begin{cases}2x_1+3x_2+4x_3=6 & (4)\\ 0.5x_2-4x_3=-4 & (5)\\ -3x_2+22x_3=20 & (6)\end{cases}$$

方程（5）乘6后加到方程（3），得

$$\begin{cases}2x_1+3x_2+4x_3=6\\ 0.5x_2-4x_3=-4\\ -2x_3=-4\end{cases}$$

回代得 $x_3=2$，$x_2=8$，$x_1=-13$。

在高斯消去过程中，如果不交换行，也不将任何一行乘以一个系数，仅做一种操作：将某行乘以一个系数加到后续行上，则称这种高斯消去法为**简单高斯消去法**。在简单高斯消去法的消元过程中，依次得到的主对角线上的元素称为**约化主元素**。如在例3.1中约化主元素为2、0.5、-2。

【例3.2】 求解

$$\begin{cases}10^{-16}x_1+x_2=1 & (1)\\ x_1+x_2=2 & (2)\end{cases}$$

解：下面有两种求解方法：一是方程（1）两边乘以 10^{16} 与方程（2）相减，二是方程（2）两边乘以 10^{-16} 与方程（1）相减。如果假定方程组中的系数都是固定位数的有效数字，显然方法一扩大了方程（2）的误差，再与方程（2）相减将丢失精度，而方法二没有扩大方程（2）的误差。

这就引出了**列主元素法**：在高斯消元法的消元过程中，将各方程中要消去的那个未知数的系数按绝对值取最大的作为主元素，适当对调行使主元素在对角线上，然后用主元素将其同列中位于下面的元素消为0，回代过程同前所述。

【例3.3】 列主元素法求解

$$\begin{cases}2x_1-x_2+3x_3=1 & (1)\\ 4x_1+2x_2+5x_3=4 & (2)\\ x_1+2x_2=7 & (3)\end{cases}$$

解：第一步将4选为主元素，然后将主元素所在行对调到第一行，再进行消元处理，得

$$\begin{pmatrix}4 & 2 & 5 & 4\\ 2 & -1 & 3 & 1\\ 1 & 2 & 0 & 7\end{pmatrix}\rightarrow\begin{pmatrix}1 & 0.5 & 1.25 & 1\\ 0 & -2 & 0.5 & -1\\ 0 & 1.5 & -1.25 & 6\end{pmatrix}\rightarrow$$

$$\begin{pmatrix}1 & 0.5 & 1.25 & 1\\ 0 & 1 & -0.25 & 0.5\\ 0 & 0 & -0.875 & 5.25\end{pmatrix}\rightarrow\begin{pmatrix}1 & 0.5 & 1.25 & 1\\ 0 & 1 & -0.25 & 0.5\\ 0 & 0 & 1 & -6\end{pmatrix}$$

消元得

$$\begin{cases} x_1 + 0.5x_2 + 1.25x_3 = 1 \\ x_2 - 0.25x_3 = 0.5 \\ x_3 = -6 \end{cases}$$

回代得

$$\begin{cases} x_1 = 9 \\ x_2 = -1 \\ x_3 = -6 \end{cases}$$

算法 3.1　高斯消元法


```
Input:n 阶线性方程组 AX = B, A = (a_ij), B = (b_1, …, b_n)', X = (x_1, x_2, …, x_n)', ε > 0
Output:x_1, x_2, …, x_n
Begin
    //(1)消元
    For j←1 to n-1,do
        选取列主元素的行号 I 使 |a_Ij| = max_{j≤i≤n} {|a_ij|} // 列主元素
        If |a_Ij| < ε, then
            Return Error //A 奇异,返回无解
        End If
        If I≠j, then
            交换 A 的第 I 行与第 j 行
        End If
        For i←j+1 to n,do
            第 j 行 × (-a_ij/a_jj)后再加到第 i 行上 // 将 a_ij 消成 0
        End For
    End For
    If |a_nn| < ε, then
        Return Error // A 奇异,返回无解
    End If
    // (2)回代
    For i←n to 1,do
        x_i = [b_i - (a_ii+1 x_i+1 + … + a_in x_n)] / a_ii
    End For
End
```

3.2　追赶法

在实际工程应用计算过程中，常遇到如下形式的线性方程组

$$\begin{pmatrix} b_1 & c_1 & & & \\ a_2 & b_2 & c_2 & & \\ & \ddots & \ddots & \ddots & \\ & & a_{n-1} & b_{n-1} & c_{n-1} \\ & & & a_n & b_n \end{pmatrix} \begin{pmatrix} x_1 \\ x_2 \\ \vdots \\ x_{n-1} \\ x_n \end{pmatrix} = \begin{pmatrix} d_1 \\ d_2 \\ \vdots \\ d_{n-1} \\ d_n \end{pmatrix} \tag{3.7}$$

其系数矩阵称为**三对角阵**。这种方程组有高效求解算法——**追赶法**。追赶法是高斯消元法的简化，也分消元与回代两个过程。将原系数矩阵转化为如下上三角形式：

$$\begin{pmatrix} 1 & r_1 & & & \\ & 1 & r_2 & & \\ & & \ddots & \ddots & \\ & & & 1 & r_{n-1} \\ & & & & 1 \end{pmatrix} \begin{pmatrix} x_1 \\ x_2 \\ \vdots \\ x_{n-1} \\ x_n \end{pmatrix} = \begin{pmatrix} y_1 \\ y_2 \\ \vdots \\ y_{n-1} \\ y_n \end{pmatrix} \tag{3.8}$$

然后逐步回代，即可依次求出 x_i，$i=n$，…，2，1。

3.3 初等变换的应用

高斯消元的过程实际上就是初等变换的过程。对行的初等变换有三种：①两行位置对调，②某行乘以非零系数，③某行乘以系数后加到另一行。同样有三种对列的初等变换。

定义 3.1 n 阶单位矩阵 $\boldsymbol{I}$ 经过一次初等变换得到的矩阵称为**初等矩阵**：

1）对换单位矩阵 $\boldsymbol{I}$ 的 i，j 两行，所得初等矩阵记为 $\boldsymbol{I}(r_i,\ r_j)$；

2）用非零数 k 乘单位矩阵 $\boldsymbol{I}$ 的第 i 行，所得初等矩阵记为 $\boldsymbol{I}(kr_i)$；

3）把单位矩阵 $\boldsymbol{I}$ 的第 i 行的 k 倍加到第 j 行上，所得初等矩阵记为 $\boldsymbol{I}(kr_i+r_j)$。

以三阶矩阵为例，分别给出三种初等变换阵：交换单位矩阵的第 1 和第 2 行，得到初等变换阵$\begin{pmatrix} 0 & 1 & 0 \\ 1 & 0 & 0 \\ 0 & 0 & 1 \end{pmatrix}$；将单位矩阵的第 2 行乘以 k，得到初等变换阵$\begin{pmatrix} 1 & 0 & 0 \\ 0 & k & 0 \\ 0 & 0 & 1 \end{pmatrix}$；将单位矩阵的第 2 行乘以 k 后加到第 3 行，得到初等变换阵$\begin{pmatrix} 1 & 0 & 0 \\ 0 & 1 & 0 \\ 0 & k & 1 \end{pmatrix}$。

引理 3.1 假设 $\boldsymbol{A}$ 是 $m\times n$ 矩阵，则对 $\boldsymbol{A}$ 作初等行变换所得到的矩阵等于对应的 m 阶初等矩阵左乘矩阵 $\boldsymbol{A}$，对 $\boldsymbol{A}$ 作初等列变换所得到的矩阵等于对应的 n 阶初等矩阵右乘矩阵 $\boldsymbol{A}$。

容易验证：

$$\begin{pmatrix} & 1 & & \\ 1 & & & \\ & & 1 & \\ & & & 1 \end{pmatrix} \begin{pmatrix} a_{11} & a_{12} & a_{13} & a_{14} \\ a_{21} & a_{22} & a_{23} & a_{24} \\ a_{31} & a_{32} & a_{33} & a_{34} \\ a_{41} & a_{42} & a_{43} & a_{44} \end{pmatrix} = \begin{pmatrix} a_{21} & a_{22} & a_{23} & a_{24} \\ a_{11} & a_{12} & a_{13} & a_{14} \\ a_{31} & a_{32} & a_{33} & a_{34} \\ a_{41} & a_{42} & a_{43} & a_{44} \end{pmatrix}$$

应用 1：求逆矩阵

设 $\boldsymbol{A}=(a_{ij})_{n\times m}$是非奇异矩阵，即 $|\boldsymbol{A}|\neq 0$，由于 $\boldsymbol{A}\boldsymbol{A}^{-1}=\boldsymbol{I}$，求 $\boldsymbol{A}^{-1}$的问题相当于解下

列线性方程组：$\boldsymbol{A}\begin{pmatrix}x_{11}\\x_{21}\\\vdots\\x_{n1}\end{pmatrix}=\begin{pmatrix}1\\0\\\vdots\\0\end{pmatrix}$，…，$\boldsymbol{A}\begin{pmatrix}x_{1n}\\x_{2n}\\\vdots\\x_{nn}\end{pmatrix}=\begin{pmatrix}0\\0\\\vdots\\1\end{pmatrix}$。

【例 3.4】 求矩阵 $\boldsymbol{A}=\begin{pmatrix}1&3\\0&2\end{pmatrix}$ 的逆。

解：连续对矩阵 $\boldsymbol{A}$ 的行作初等变换，同时对一个单位矩阵作同样的初等变换，直到矩阵 $\boldsymbol{A}$ 变为单位阵，此时原单位阵变成了矩阵 $\boldsymbol{A}$ 的逆矩阵。初等变换的过程：$\begin{pmatrix}1&3\\&2\end{pmatrix}\begin{pmatrix}1&\\&1\end{pmatrix}\to\begin{pmatrix}1&3\\&1\end{pmatrix}\begin{pmatrix}1&\\&0.5\end{pmatrix}\to\begin{pmatrix}1&\\&1\end{pmatrix}\begin{pmatrix}1&-1.5\\&0.5\end{pmatrix}$，则矩阵 $\boldsymbol{A}$ 的逆为 $\begin{pmatrix}1&-1.5\\&0.5\end{pmatrix}$。

应用 2：求行列式的值

行列式任意一行（列）的元素乘以同一个数后，加到另一行（列）的对应元素上，其行列式的值不变；任意对换两行（列）的位置，则行列式的值反号；对角矩阵的行列式的值等于其主对角元素的乘积。因此，可用高斯消元法将 $|\boldsymbol{A}|$ 化成

$$|\boldsymbol{A}|=\begin{vmatrix}a_{11}^{(1)}&&&\\&a_{22}^{(2)}&&\\&&\ddots&\\&&&a_{nn}^{(n)}\end{vmatrix}=a_{11}^{(1)}a_{22}^{(2)}\cdots a_{nn}^{(n)}$$

应用 3：秩的分解

令 $\boldsymbol{A}$ 为 $m\times n$ 矩阵，则存在非奇异矩阵 $\boldsymbol{P}$ 和 $\boldsymbol{Q}$，使

$$\boldsymbol{PAQ}=\begin{pmatrix}1&&\\&\ddots&\\&&1\end{pmatrix}\tag{3.9}$$

对 $\begin{pmatrix}\boldsymbol{A}&\boldsymbol{I}^{(m)}\\\boldsymbol{I}^{(n)}&\end{pmatrix}$ 进行行和列的初等变换可得到 $\boldsymbol{P}$ 和 $\boldsymbol{Q}$，用单位矩阵记录变换过程。

3.4 矩阵 *LU* 分解

1. 相关概念

用矩阵理论来分析高斯消元法，实现矩阵的三角分解。

引理 3.2 下（上）三角形矩阵乘下（上）三角形矩阵还是下（上）三角形矩阵，如图 3.3 所示。

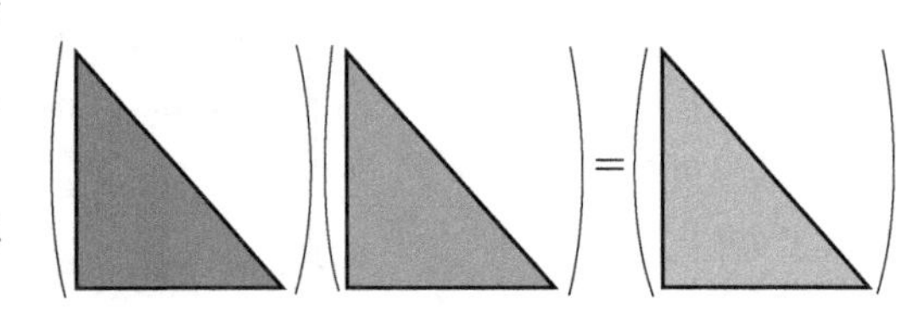

图 3.3 下三角形矩阵相乘还是下三角形矩阵

假设两个下三角形矩阵按分块矩阵的形式记为 $\begin{pmatrix}a&\boldsymbol{0}\\\boldsymbol{\alpha}&\boldsymbol{A}\end{pmatrix}$ 和 $\begin{pmatrix}b&\boldsymbol{0}\\\boldsymbol{\beta}&\boldsymbol{B}\end{pmatrix}$，其中 $\boldsymbol{A}$ 和 $\boldsymbol{B}$ 是下三

角形矩阵，$\boldsymbol{\alpha}$ 和 $\boldsymbol{\beta}$ 是列向量，则有$\begin{pmatrix} a & \mathbf{0} \\ \boldsymbol{\alpha} & \boldsymbol{A} \end{pmatrix}\begin{pmatrix} b & \mathbf{0} \\ \boldsymbol{\beta} & \boldsymbol{B} \end{pmatrix} = \begin{pmatrix} ab & \mathbf{0} \\ \boldsymbol{\alpha} b + \boldsymbol{A\beta} & \boldsymbol{AB} \end{pmatrix}$，用归纳法容易证明此引理。

引理3.3 非奇异下（上）三角形矩阵的逆还是下（上）三角矩阵，如图3.4所示。

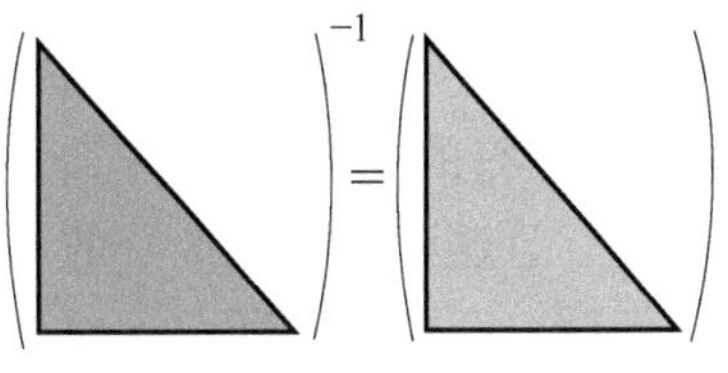

证明方法有两种：一是初等变换法，二是矩阵分块、归纳法。初等变换法：设 $\boldsymbol{L}$ 是下三角形矩阵，用初等行变换可实现 $\boldsymbol{L}_1\boldsymbol{L}_2\cdots\boldsymbol{L}_m\boldsymbol{L}=\boldsymbol{I}$，其中 $\boldsymbol{L}_i$ 都是下三角形矩阵，$\boldsymbol{L}_1\boldsymbol{L}_2\cdots\boldsymbol{L}_m$ 就是 $\boldsymbol{L}$ 的逆，根据引理3.2可证 $\boldsymbol{L}_1\boldsymbol{L}_2\cdots\boldsymbol{L}_m$ 是下三角的。假设下三角形矩阵 $\boldsymbol{A}=\begin{pmatrix} a & \mathbf{0} \\ \boldsymbol{C} & \boldsymbol{B} \end{pmatrix}$，其中 $\boldsymbol{B}$ 自然也是下三角形矩阵，构造 $\boldsymbol{A}$ 的逆矩阵为$\begin{pmatrix} 1/a & \mathbf{0} \\ \boldsymbol{X} & \boldsymbol{B}^{-1} \end{pmatrix}$，这里 $\boldsymbol{X}=-\boldsymbol{B}^{-1}\boldsymbol{C}/a$。由于$\begin{pmatrix} a & \mathbf{0} \\ \boldsymbol{C} & \boldsymbol{B} \end{pmatrix}\begin{pmatrix} 1/a & \mathbf{0} \\ \boldsymbol{X} & \boldsymbol{B}^{-1} \end{pmatrix} = \begin{pmatrix} 1 & \mathbf{0} \\ \boldsymbol{C}/a+\boldsymbol{BX} & \boldsymbol{I} \end{pmatrix} = \begin{pmatrix} 1 & \mathbf{0} \\ \mathbf{0} & \boldsymbol{I} \end{pmatrix}$，故所构造的矩阵就是 $\boldsymbol{A}$ 的逆矩阵。

图3.4 下三角形矩阵的逆矩阵还是下三角形矩阵

对于单位下（上）三角形矩阵，引理3.2、3.3亦成立。

考虑线性方程组 $\boldsymbol{AX}=\boldsymbol{B}$。假设解此方程组用高斯消元法能够完成（不进行交换两行和某一行乘非零元素的初等变换，即保持所用初等变换矩阵都是下三角形矩阵）。由于对 $\boldsymbol{A}$ 施行初等变换相当于用初等矩阵左乘 $\boldsymbol{A}$，所以用高斯消元法可以将矩阵分解为 $\boldsymbol{L}_m\boldsymbol{L}_{m-1}\cdots\boldsymbol{L}_2\boldsymbol{L}_1\boldsymbol{A}=\boldsymbol{U}$，其中 $\boldsymbol{L}_i$ 都是单位下三角形矩阵。令 $\boldsymbol{L}=\boldsymbol{L}_1^{-1}\boldsymbol{L}_2^{-1}\cdots\boldsymbol{L}_m^{-1}$，则 $\boldsymbol{A}=\boldsymbol{LU}$，其中 $\boldsymbol{L}$ 为单位下三角形矩阵，$\boldsymbol{U}$ 为上三角形矩阵。

下面给出一个 LU 分解实例：将高斯消元过程$\begin{pmatrix} 1 & 1 & 1 \\ 1 & 2 & 3 \\ 1 & 3 & 6 \end{pmatrix}\to\begin{pmatrix} 1 & 1 & 1 \\ 0 & 1 & 2 \\ 1 & 3 & 6 \end{pmatrix}\to\begin{pmatrix} 1 & 1 & 1 \\ 0 & 1 & 2 \\ 0 & 2 & 5 \end{pmatrix}\to\begin{pmatrix} 1 & 1 & 1 \\ 0 & 1 & 2 \\ 0 & 0 & 1 \end{pmatrix}$用三个对行的初等变换阵的左乘表示为$\begin{pmatrix} 1 & 0 & 0 \\ 0 & 1 & 0 \\ 0 & -2 & 1 \end{pmatrix}\begin{pmatrix} 1 & 0 & 0 \\ 0 & 1 & 0 \\ -1 & 0 & 1 \end{pmatrix}\begin{pmatrix} 1 & 0 & 0 \\ -1 & 1 & 0 \\ 0 & 0 & 1 \end{pmatrix}\begin{pmatrix} 1 & 1 & 1 \\ 1 & 2 & 3 \\ 1 & 3 & 6 \end{pmatrix}=\begin{pmatrix} 1 & 1 & 1 \\ 0 & 1 & 2 \\ 0 & 0 & 1 \end{pmatrix}$，由于此三个对行的初等变换矩阵的左乘等于$\begin{pmatrix} 1 & 0 & 0 \\ -1 & 1 & 0 \\ 1 & -2 & 1 \end{pmatrix}$，该矩阵的逆为$\begin{pmatrix} 1 & 0 & 0 \\ 1 & 1 & 0 \\ 1 & 2 & 1 \end{pmatrix}$，所以 $\boldsymbol{LU}$ 分解的结果为$\begin{pmatrix} 1 & 1 & 1 \\ 1 & 2 & 3 \\ 1 & 3 & 6 \end{pmatrix}=\begin{pmatrix} 1 & 0 & 0 \\ 1 & 1 & 0 \\ 1 & 2 & 1 \end{pmatrix}\begin{pmatrix} 1 & 1 & 1 \\ 0 & 1 & 2 \\ 0 & 0 & 1 \end{pmatrix}$。

在下面的 $\boldsymbol{LU}$ 分解中，注意矩阵 $\boldsymbol{A}$ 左乘了一个初等变换矩阵，对调了两行：

$$\begin{pmatrix} 1 & 0 & 0 & 0 & 0 \\ 0 & 0 & 0 & 0 & 1 \\ 0 & 0 & 1 & 0 & 0 \\ 0 & 0 & 0 & 1 & 0 \\ 0 & 1 & 0 & 0 & 0 \end{pmatrix}\begin{pmatrix} 1 & 1 & 1 & 1 & 1 \\ 1 & 2 & 3 & 4 & 5 \\ 1 & 3 & 6 & 10 & 15 \\ 1 & 4 & 10 & 20 & 35 \\ 1 & 5 & 15 & 35 & 70 \end{pmatrix}$$

$$
=\begin{pmatrix}1&0&0&0&0\\1&1&0&0&0\\1&0.5&1&0&0\\1&0.75&0.75&1&0\\1&0.25&0.75&-1&1\end{pmatrix}\begin{pmatrix}1&1&1&1&1\\0&4&14&34&69\\0&0&-2&-8&-20.5\\0&0&0&-0.5&-2.375\\0&0&0&0&-0.25\end{pmatrix}
$$

定理 3.1（矩阵 *LU* 分解） 设 $\boldsymbol{A}$ 为 $n\times n$ 实矩阵，如果解 $\boldsymbol{AX}=\boldsymbol{B}$ 用高斯消元法能够完成（限制不做行的交换），则矩阵 $\boldsymbol{A}$ 可分解为单位下三角形矩阵 $\boldsymbol{L}$ 与上三角形矩阵 $\boldsymbol{U}$ 的乘积：$\boldsymbol{A}=\boldsymbol{LU}$，且这种分解是唯一的。

证明：存在性已证，下面只需证唯一性。设 $\boldsymbol{A}=\boldsymbol{L}_1\boldsymbol{U}_1=\boldsymbol{LU}$，其中 $\boldsymbol{L}_1$，$\boldsymbol{L}$ 为单位下三角形矩阵，$\boldsymbol{U}_1$，$\boldsymbol{U}$ 为上三角形矩阵。由于 $\boldsymbol{L}^{-1}$ 和 $\boldsymbol{U}_1^{-1}$ 存在，于是有 $\boldsymbol{L}^{-1}\boldsymbol{L}_1=\boldsymbol{U}\boldsymbol{U}_1^{-1}$，上式右端为上三角形矩阵，左边为单位下三角形矩阵，故为单位矩阵。即 $\boldsymbol{L}_1=\boldsymbol{L}$，$\boldsymbol{U}_1=\boldsymbol{U}$。

引理 3.4 高斯消元过程中的约化主元素 $a_{ii}^{(i)}\neq 0$（$i=1, 2, \cdots, n$）的充要条件是矩阵 $\boldsymbol{A}$ 的所有顺序主子式 $D_i=\begin{vmatrix}a_{11}&\cdots&a_{1i}\\\vdots&&\vdots\\a_{i1}&\cdots&a_{ii}\end{vmatrix}\neq 0$。

约化主元素的定义见 3.1 节“高斯消元法”计算步骤。用归纳法可以证明，顺序主子式不等于 0 等价于消元过程中可以不对调行。

解 $\boldsymbol{AX}=\boldsymbol{B}$ 的高斯消元法相当于实现了 $\boldsymbol{A}$ 的三角分解。如果能直接从矩阵 $\boldsymbol{A}$ 的元素得到计算矩阵 $\boldsymbol{L}$，$\boldsymbol{U}$ 的元素的公式，实现 $\boldsymbol{A}$ 的三角分解不需要任何中间步骤，那么求解 $\boldsymbol{AX}=\boldsymbol{B}$ 的问题就等价于求解两个三角形矩阵方程组：①根据 $\boldsymbol{LY}=\boldsymbol{B}$ 求 $\boldsymbol{Y}$，②依据 $\boldsymbol{UX}=\boldsymbol{Y}$ 求 $\boldsymbol{X}$。

定理 3.2（矩阵的 *LDR* 分解） 如果矩阵 $\boldsymbol{A}$ 的所有顺序主子式均不等于零，则 $\boldsymbol{A}$ 存在唯一的分解式：$\boldsymbol{A}=\boldsymbol{LDR}$，其中 $\boldsymbol{L}$ 和 $\boldsymbol{R}$ 分别是 n 阶单位下三角形矩阵和单位上三角形矩阵，$\boldsymbol{D}$ 是非奇异对角阵。

证明：充分性。因为矩阵 $\boldsymbol{A}$ 的顺序主子式均不为零，高斯消元法得以完成，即实现分解 $\boldsymbol{A}=\boldsymbol{LU}$，$\boldsymbol{U}$ 的对角元素 $u_{ii}\neq 0$。令 $\boldsymbol{D}=\mathrm{diag}(u_{11}, u_{22}, \cdots, u_{nn})$，则 $\boldsymbol{A}=\boldsymbol{LU}=\boldsymbol{LD}(\boldsymbol{D}^{-1}\boldsymbol{U})=\boldsymbol{LDR}$，$\boldsymbol{R}=\boldsymbol{D}^{-1}\boldsymbol{U}$，$\boldsymbol{D}^{-1}=\mathrm{diag}\left(\frac{1}{u_{11}}, \frac{1}{u_{22}}, \cdots, \frac{1}{u_{nn}}\right)$。

唯一性。若还存在另一个 *LDR* 分解 $\boldsymbol{A}=\boldsymbol{L}_1\boldsymbol{D}_1\boldsymbol{R}_1$，则有 $\boldsymbol{LDR}=\boldsymbol{L}_1\boldsymbol{D}_1\boldsymbol{R}_1$，即 $\boldsymbol{L}_1^{-1}\boldsymbol{L}=\boldsymbol{D}_1\boldsymbol{R}_1\boldsymbol{R}^{-1}\boldsymbol{D}^{-1}$。上式左端是单位下三角形矩阵，右端是上三角形矩阵，所以是单位阵。$\boldsymbol{L}_1^{-1}\boldsymbol{L}=\boldsymbol{I}$，$\boldsymbol{D}_1\boldsymbol{R}_1\boldsymbol{R}^{-1}\boldsymbol{D}^{-1}=\boldsymbol{I}$，$\boldsymbol{L}_1=\boldsymbol{L}$，$\boldsymbol{R}_1\boldsymbol{R}^{-1}=\boldsymbol{D}_1^{-1}\boldsymbol{D}$。从而必有 $\boldsymbol{R}_1\boldsymbol{R}^{-1}=\boldsymbol{I}$，$\boldsymbol{D}_1^{-1}\boldsymbol{D}=\boldsymbol{I}$。也即 $\boldsymbol{R}_1=\boldsymbol{R}$，$\boldsymbol{D}_1=\boldsymbol{D}$ 唯一性得证。

LU 分解可以看作是高斯消元法的一种应用。矩阵 $\boldsymbol{A}$ 通过初等行变换得到一个上三角形矩阵，对应的变换矩阵就是一个单位下三角形矩阵：从下至上对矩阵 $\boldsymbol{A}$ 作初等行变换，将对角线左下方的元素变成零，行变换的效果等同于左乘若干单位下三角形矩阵，这些单位下三角形矩阵乘积的逆矩阵就是矩阵 $\boldsymbol{L}$，它也是一个单位下三角形矩阵。该算法的时间复杂度为 $O(n^3)$。

2. 矩阵 *LU* 分解的应用

矩阵的 *LU* 分解可以用来求解线性方程、求逆、计算行列式等。对于系数矩阵相同的线

性方程 $\boldsymbol{AX}=\boldsymbol{B}_i$，$i=0$，1，2，…，只要先计算 $\boldsymbol{A}$ 的 LU 分解，然后利用 LU 依次求解方程即可，计算量大大减少。再举一例，假设利用 LU 分解求解了 $\boldsymbol{AX}=\boldsymbol{B}$ 的近似解 $\tilde{\boldsymbol{X}}$，令 $\boldsymbol{A}\tilde{\boldsymbol{X}}=\tilde{\boldsymbol{B}}$，则可利用已分解得到的 LU 再求解 $\boldsymbol{A\Delta}=\boldsymbol{B}-\tilde{\boldsymbol{B}}$，即可得到 $\tilde{\boldsymbol{X}}$ 的校正值 $\tilde{\boldsymbol{X}}+\boldsymbol{\Delta}$，这实际上就是一个迭代过程。

3.5 矩阵 QR 分解

假设 $\boldsymbol{\alpha}_1$，$\boldsymbol{\alpha}_2$，…，$\boldsymbol{\alpha}_n$ 是线性空间的子空间一组基，用格莱姆-施密特（Gram-Schmidt）正交化方法能构造出一组两两正交的基 $\boldsymbol{\beta}_1$，$\boldsymbol{\beta}_2$，…，$\boldsymbol{\beta}_n$。首先令 $\boldsymbol{\beta}_1=\boldsymbol{\alpha}_1$，其次令 $\boldsymbol{\beta}_2=\boldsymbol{\alpha}_2-\dfrac{(\boldsymbol{\alpha}_2,\boldsymbol{\beta}_1)}{(\boldsymbol{\beta}_1,\boldsymbol{\beta}_1)}\boldsymbol{\beta}_1$，其几何意义如图 3.5 所示。一般地，令

$$\boldsymbol{\beta}_i=\boldsymbol{\alpha}_i-\sum_{j=1}^{i-1}\frac{(\boldsymbol{\alpha}_i,\boldsymbol{\beta}_j)}{(\boldsymbol{\beta}_j,\boldsymbol{\beta}_j)}\boldsymbol{\beta}_j \tag{3.10}$$

可以证明 $\boldsymbol{\beta}_1$，$\boldsymbol{\beta}_2$，…，$\boldsymbol{\beta}_n$ 相互正交。

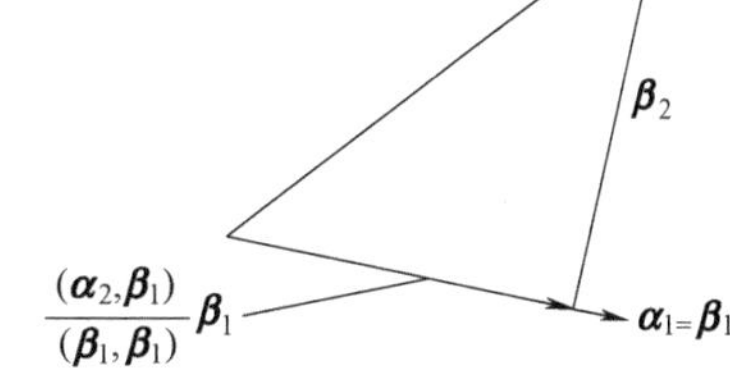

图 3.5 投影与正交化

根据以上分析结果，令

$$\boldsymbol{\gamma}_i=\frac{\boldsymbol{\beta}_i}{\|\boldsymbol{\beta}_i\|}=a_{1i}\boldsymbol{\alpha}_1+a_{2i}\boldsymbol{\alpha}_2+\cdots+a_{ii}\boldsymbol{\alpha}_i,\quad i=1,2,\cdots,n \tag{3.11}$$

则有

$$(\boldsymbol{\gamma}_1,\boldsymbol{\gamma}_2,\cdots,\boldsymbol{\gamma}_n)=(\boldsymbol{\alpha}_1,\boldsymbol{\alpha}_2,\cdots,\boldsymbol{\alpha}_n)\begin{pmatrix}a_{11} & \cdots & a_{1n}\\ & \ddots & \vdots\\ & & a_{nn}\end{pmatrix} \tag{3.12}$$

如果记 $\boldsymbol{A}=(\boldsymbol{\alpha}_1,\boldsymbol{\alpha}_2,\cdots,\boldsymbol{\alpha}_n)$，$\boldsymbol{Q}=(\boldsymbol{\gamma}_1,\boldsymbol{\gamma}_2,\cdots,\boldsymbol{\gamma}_n)$，$\boldsymbol{R}=\begin{pmatrix}a_{11} & \cdots & a_{1n}\\ & \ddots & \vdots\\ & & a_{nn}\end{pmatrix}^{-1}$，则得到非奇异矩阵的 $\boldsymbol{QR}$ 分解

$$\boldsymbol{A}=\boldsymbol{QR} \tag{3.13}$$

其中 $\boldsymbol{Q}$ 是正交矩阵，$\boldsymbol{R}$ 是上三角形矩阵。矩阵的 $\boldsymbol{QR}$ 分解可以用来求解线性方程组 $\boldsymbol{AX}=\boldsymbol{B}$，由于正交矩阵的性质，$QR$ 分解法比 LU 分解法有更高的稳定性。

给出一个 QR 分解的实例

$$\begin{pmatrix}1 & 1 & 1\\1 & 2 & 3\\1 & 3 & 6\end{pmatrix}\approx\begin{pmatrix}0.5774 & -0.7071 & 0.4082\\0.5774 & -0.0000 & -0.8165\\0.5774 & 0.7071 & 0.4082\end{pmatrix}\begin{pmatrix}1.7321 & 3.4641 & 5.7735\\0 & 1.4142 & 3.5355\\0 & 0 & 0.4082\end{pmatrix}$$

3.6 平方根法

在实际计算中，很多线性方程组的系数矩阵具有对称正定性。对于这种矩阵，其三角分

解过程有一种简便方法，该方法称为**平方根法**。平方根法是一种实用的线性方程组求解方法。

若矩阵 $\boldsymbol{A}$ 为对称矩阵，即 $\boldsymbol{A}=\boldsymbol{A}^{\mathrm{T}}$；若矩阵 $\boldsymbol{A}$ 为正定矩阵，即对于任意非零向量 $\boldsymbol{X}$，$\boldsymbol{X}\in\mathbf{R}^n$，有 $\boldsymbol{X}^{\mathrm{T}}\boldsymbol{A}\boldsymbol{X}>0$。若 $\boldsymbol{A}$ 为正定对称矩阵，则 $\boldsymbol{A}$ 的各阶顺序主子式 $D_k\neq0$，$k=1, 2, \cdots, n$。为证明此结论，只需证明正定对称矩阵非奇异。利用反证法，先假设正定对称矩阵 $\boldsymbol{A}$ 奇异，则存在非零向量 $\boldsymbol{X}$，使 $\boldsymbol{A}\boldsymbol{X}=\boldsymbol{0}$，于是 $\boldsymbol{X}^{\mathrm{T}}\boldsymbol{A}\boldsymbol{X}=0$，这与正定性矛盾，假设条件不成立。

定理 3.3（对称正定矩阵 LL^{T} 分解） 如果矩阵 $\boldsymbol{A}$ 为对称正定矩阵，则存在非奇异下三角形矩阵 $\boldsymbol{L}$ 使 $\boldsymbol{A}=\boldsymbol{L}\boldsymbol{L}^{\mathrm{T}}$，当矩阵 $\boldsymbol{L}$ 对角元素为正时，该分解是唯一的。

证明：由于矩阵 $\boldsymbol{A}$ 的各阶顺序主子式不为 0，根据矩阵的 $\boldsymbol{LDR}$ 分解，存在单位下三角形矩阵 $\boldsymbol{L}$、单位上三角形矩阵 $\boldsymbol{R}$ 及对角阵 $\boldsymbol{D}=\mathrm{diag}(d_{11}, \cdots, d_{nn})$，使 $\boldsymbol{A}=\boldsymbol{LDR}$。由于 $\boldsymbol{A}^{\mathrm{T}}=\boldsymbol{A}$，所以 $(\boldsymbol{LDR})^{\mathrm{T}}=\boldsymbol{R}^{\mathrm{T}}\boldsymbol{D}\boldsymbol{L}^{\mathrm{T}}=\boldsymbol{LDR}$，由分解唯一性，有 $\boldsymbol{L}=\boldsymbol{R}^{\mathrm{T}}$，从而 $\boldsymbol{A}=\boldsymbol{LDL}^{\mathrm{T}}$。利用正定性可证明对角矩阵 $\boldsymbol{D}$ 中的各元素 $d_{ii}>0$，令 $\boldsymbol{W}=\mathrm{diag}(\sqrt{d_{11}}, \cdots, \sqrt{d_{nn}})$，$\boldsymbol{H}=\boldsymbol{LW}$，则 $\boldsymbol{A}=\boldsymbol{H}\boldsymbol{H}^{\mathrm{T}}$。此处略去对唯一性的证明。

假设矩阵 $\boldsymbol{A}=(a_{ij})$ 是正定对称，则存在下三角形矩阵 $\boldsymbol{L}$ 满足 $\boldsymbol{A}=\boldsymbol{L}\boldsymbol{L}^{\mathrm{T}}$，其中 $\boldsymbol{L}=\begin{pmatrix} l_{11} & & & \\ l_{21} & l_{22} & & \\ \vdots & \vdots & \ddots & \\ l_{n1} & l_{n2} & \cdots & l_{nn} \end{pmatrix}$。根据矩阵乘法的定义，可以得到 $a_{ij}=\sum\limits_{k=1}^{n} l_{ik}l_{kj}$。由于 $\boldsymbol{L}$ 是下三角形矩阵，所以当 $k>i$ 或 $k>j$ 时，都有 $l_{ik}l_{kj}=0$。于是对于 $i\geqslant j$ 的情况，有 $a_{ij}=\sum\limits_{k=1}^{j} l_{ik}l_{kj}$，故 $a_{ij}=\sum\limits_{k=1}^{j-1} l_{ik}l_{kj}+l_{ij}l_{jj}$，整理该式得

$$l_{ij}=\left(a_{ij}-\sum_{k=1}^{j-1} l_{ik}l_{kj}\right)\Big/ l_{jj}, i=1,\cdots,n; j=1,\cdots,i \tag{3.14}$$

依据式（3.14）求解矩阵 $\boldsymbol{L}$ 时，只需从上到下、从左到右依次计算 l_{ij}（$i\geqslant j$）即可，另外也可看出：

1）$l_{11}=\sqrt{a_{11}}$；

2）$l_{i1}=a_{i1}/l_{11}$，$i=2, 3, \cdots, n$。

所以求解 $\boldsymbol{AX}=\boldsymbol{B}$ 过程分两步：

1）求解下三角形方程组：$\boldsymbol{LY}=\boldsymbol{B}$；

2）求解 $\boldsymbol{L}^{\mathrm{T}}\boldsymbol{X}=\boldsymbol{Y}$。

由 $a_{ii}=\sum\limits_{k=1}^{i} l_{ik}^2$ 可知 $|l_{ik}|\leqslant\sqrt{a_{ii}}$，$k=1, 2, \cdots, n$；$i=1, 2, \cdots, n$。这表明 $\boldsymbol{L}$ 的元素的绝对值一般不会很大，所以计算较为稳定。

下面给出一个 $\boldsymbol{LL}^{\mathrm{T}}$ 分解实例：

$$\begin{pmatrix} 1 & 1 & 1 \\ 1 & 2 & 3 \\ 1 & 3 & 6 \end{pmatrix}=\begin{pmatrix} 1 & 0 & 0 \\ 1 & 1 & 0 \\ 1 & 2 & 1 \end{pmatrix}\begin{pmatrix} 1 & 1 & 1 \\ 0 & 1 & 2 \\ 0 & 0 & 1 \end{pmatrix}$$

3.7 向量的范数

在线性方程组的数值解法中，常要分析解向量的误差，比较向量的“大小”或“长度”。范数是对向量的一种度量，是广义的“长度”或“向量模长”。

定义 3.2 设向量 $\boldsymbol{X}\in\mathbf{R}^n$，$\|\boldsymbol{X}\|$ 表示定义在 $\mathbf{R}^n$ 上的实函数，称为**范数**，它具有下列性质：

性质 1 非负性：即对一切 $\boldsymbol{X}\in\mathbf{R}^n$，$\boldsymbol{X}\neq\mathbf{0}$，有 $\|\boldsymbol{X}\|>0$；

性质 2 齐次性：即为任何实数 $a\in\mathbf{R}$，$\boldsymbol{X}\in\mathbf{R}^n$，有 $\|a\boldsymbol{X}\|=|a|\cdot\|\boldsymbol{X}\|$；

性质 3 三角不等式：即对任意两个向量 $\boldsymbol{X}$、$\boldsymbol{Y}\in\mathbf{R}^n$，恒有 $\|\boldsymbol{X}+\boldsymbol{Y}\|\leqslant\|\boldsymbol{X}\|+\|\boldsymbol{Y}\|$。

根据范数的三个基本性质，可以推出 $\mathbf{R}^n$ 中向量的范数必具有下列性质：

性质 1 $\|\mathbf{0}\|=0$；

性质 2 $\|-\boldsymbol{X}\|=|-1|\,\|\boldsymbol{X}\|=\|\boldsymbol{X}\|$；

性质 3 对任意的 $\boldsymbol{X}$、$\boldsymbol{Y}\in\mathbf{R}^n$，恒有 $\big|\,\|\boldsymbol{X}\|-\|\boldsymbol{Y}\|\,\big|\leqslant\|\boldsymbol{X}-\boldsymbol{Y}\|$。

下面列出四个常用的范数：

1）L_1 范数：$\|\boldsymbol{X}\|_1=|x_1|+|x_2|+\cdots+|x_n|$；

2）L_2 范数：$\|\boldsymbol{X}\|_2=\sqrt{\boldsymbol{X}^{\mathrm{T}}\boldsymbol{X}}=\sqrt{x_1^2+x_2^2+\cdots+x_n^2}$；

3）L_p范数：$\|\boldsymbol{X}\|_p=\left(\sum_{i=1}^{n}|x_i|^p\right)^{\frac{1}{p}}$；

4）L_∞ 范数：$\|\boldsymbol{X}\|_\infty=\max_{1\leqslant i\leqslant n}|x_i|$。

引理 3.5 定义在 $\mathbf{R}^n$上的范数 $\|\boldsymbol{X}\|$ 是连续函数。

证明：对于任意 $\boldsymbol{X}_0\in\mathbf{R}^n$，要证明其范数在 $\boldsymbol{X}_0$ 处连续。任意给定 $\varepsilon>0$，令 $\boldsymbol{e}_1$，$\boldsymbol{e}_2$，…，$\boldsymbol{e}_n$ 为 $\mathbf{R}^n$ 的一个基底，且 $M=\sum_{i=1}^{n}\|\boldsymbol{e}_i\|$，取 $d=\dfrac{\varepsilon}{M}$，则对以 $\boldsymbol{X}_0$ 为中心、d 为半径的球内任何一点 $\boldsymbol{X}$，都有

$$\big|\,\|\boldsymbol{X}\|-\|\boldsymbol{X}_0\|\,\big|\leqslant\|\boldsymbol{X}-\boldsymbol{X}_0\|=\|\sum\Delta x_i\boldsymbol{e}_i\|\leqslant\sum|\Delta x_i|\,\|\boldsymbol{e}_i\|\leqslant dM\leqslant\varepsilon$$

其中 Δx_i 是 $\boldsymbol{X}-\boldsymbol{X}_0$ 的分量，这就证明了范数的连续性。

引理 3.6 在 $\mathbf{R}^n$ 上定义的任一范数 $\|\boldsymbol{X}\|$ 都与范数 $\|\boldsymbol{X}\|_1$ 等价，即存在正数 M 与 m（$M>m$）对一切 $\boldsymbol{X}\in\mathbf{R}^n$，不等式 $m\|\boldsymbol{X}\|_1\leqslant\|\boldsymbol{X}\|\leqslant M\|\boldsymbol{X}\|_1$ 成立。

证明：1）$G=\{\boldsymbol{\xi}\,|\,\|\boldsymbol{\xi}\|_1=1\}$ 是有界闭区域（单位球面）；

2）连续函数 $\|\boldsymbol{\xi}\|$ 在 G 能达到最大值及最小值，设其最大值为 M，最小值为 m，则有 $m\leqslant\|\boldsymbol{\xi}\|\leqslant M$，$\xi\in G$；

3）设 $\boldsymbol{X}\in\mathbf{R}^n$ 为任意非零向量，则 $\dfrac{\boldsymbol{X}}{\|\boldsymbol{X}\|_1}\in G$，代入得 $m\leqslant\left\|\dfrac{\boldsymbol{X}}{\|\boldsymbol{X}\|_1}\right\|\leqslant M$，所以 $m\|\boldsymbol{X}\|_1\leqslant\|\boldsymbol{X}\|\leqslant M\|\boldsymbol{X}\|_1$。

线性空间上的内积、范数和度量有内在的联系。假设 V 是线性空间，内积就是 $V\times V\mapsto\mathbf{R}$ 的函数（即双变量函数 $f(x_1,\ x_2)\in\mathbf{R}$，其中 x_1，$x_2\in V$），满足一定的性质。定义了内积的线性空间称为**内积空间**，在内积空间中，向量有角度、垂直（正交）等几何属性。在

$\mathbf{R}^n$ 中，对于向量 $\boldsymbol{u}$，$\boldsymbol{v}$，有一种常用的内积定义为 $(\boldsymbol{u},\boldsymbol{v}) = \sum_{i=1}^{n} x_i y_i$，其中 $\boldsymbol{u}=(x_1, x_2, \cdots, x_n)$，$\boldsymbol{v}=(y_1, y_2, \cdots, y_n)$，几何上看内积是投影，如图 3.6 所示。有了内积就自然可以有了一种范数 $\|\boldsymbol{v}\| = \sqrt{(\boldsymbol{v}, \boldsymbol{v})}$；有了范数就自然可以有一种度量或距离 $d(\boldsymbol{u}, \boldsymbol{v}) = \|\boldsymbol{u}-\boldsymbol{v}\|$。

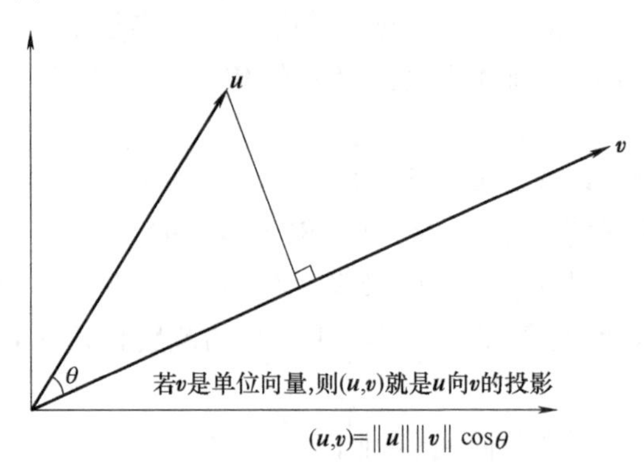

图 3.6　内积在几何上就是投影

3.8　矩阵的范数

所有 $n\times m$ 阶矩阵构成一个 $n\times m$ 维线性空间。与向量范数的定义相似，将向量范数概念推广到 $n\times m$ 阶矩阵，可以给出矩阵的范数一般性定义。即矩阵的范数满足下面给出的矩阵范数基本性质的前三项。$\|\boldsymbol{A}\| = \max\limits_{ij} |a_{ij}|$ 就是一个矩阵的范数，但不满足下面基本性质 4 和性质 5。下面给出用向量范数诱导的矩阵范数的定义。

定义 3.3　设 $\boldsymbol{A}$ 为 n 阶方阵，$\mathbf{R}^n$ 中已定义了向量范数 $\|\ \|$，称 $\sup\limits_{\|\boldsymbol{X}\|=1} \|\boldsymbol{AX}\|$ 为向量范数 $\|\ \|$ 诱导的**矩阵范数**，记为

$$\|\boldsymbol{A}\| = \sup_{\|\boldsymbol{X}\|=1} \|\boldsymbol{AX}\| \tag{3.15}$$

图 3.7 所示为矩阵范数的直观示意图，以二阶矩阵为例，图中单位向量组成的圆形区域用线性变换 $\boldsymbol{A}$ 变换为曲线区域。

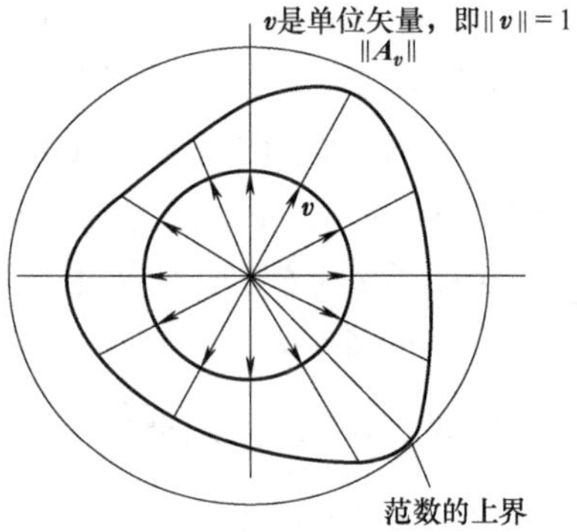

利用向量范数和矩阵范数的定义可以证明：矩阵范数有下列基本性质：

性质 1　当 $\boldsymbol{A}=\boldsymbol{O}$ 时，$\|\boldsymbol{A}\|=0$；当 $\boldsymbol{A}\neq\boldsymbol{O}$ 时，$\|\boldsymbol{A}\|>0$；

性质 2　对任意实数 k 和任意矩阵 $\boldsymbol{A}$，有 $\|k\boldsymbol{A}\| = |k|\,\|\boldsymbol{A}\|$；

性质 3　对任意两个 n 阶矩阵 $\boldsymbol{A}$、$\boldsymbol{B}$ 有 $\|\boldsymbol{A}+\boldsymbol{B}\| \leqslant \|\boldsymbol{A}\| + \|\boldsymbol{B}\|$；

性质 4　对任意向量 $\boldsymbol{X}\in\mathbf{R}^n$ 和任意矩阵 $\boldsymbol{A}$，有 $\|\boldsymbol{AX}\| \leqslant \|\boldsymbol{A}\|\,\|\boldsymbol{X}\|$；

v是单位矢量，即‖v‖=1
‖A_v‖
v
范数的上界

图 3.7　向量的范数诱导出的矩阵范数

性质 5　对任意两个 n 阶矩阵 $\boldsymbol{A}$、$\boldsymbol{B}$，有 $\|\boldsymbol{AB}\| \leqslant \|\boldsymbol{A}\|\,\|\boldsymbol{B}\|$。

对于性质4，如果 $\|X\|=1$，根据前面矩阵范数的定义容易证明此性质；对于 $\|X\|>0$，由于$\frac{\|AX\|}{\|X\|}=\|A\frac{X}{\|X\|}\|\leqslant\|A\|$，即得本性质。

对于性质5，根据矩阵范数的定义并利用性质4，可以推出 $\|AB\|=\sup\limits_{\|X\|=1}\|ABX\|\leqslant\sup\limits_{\|X\|=1}\|A\|\|BX\|\leqslant\sup\limits_{\|X\|=1}\|A\|\|B\|\|X\|=\sup\limits_{\|X\|=1}\|A\|\|B\|=\|A\|\|B\|$。

设 λ 为矩阵 A 的任一特征值，向量 e 为相应的特征向量，则 $\lambda e=Ae$。因为 $|\lambda|\|e\|=\|Ae\|\leqslant\|A\|\|e\|$，所以 $|\lambda|\leqslant\|A\|$。从而得到：矩阵 A 的任一特征值的绝对值不超过 A 的范数 $\|A\|$。对于零矩阵，显然其范数为0；对于单位矩阵 I，不论向量的范数是如何定义的，都有 $\|I\|=\sup\limits_{\|X\|=1}\|IX\|=\sup\limits_{\|X\|=1}\|X\|=\sup\limits_{\|X\|=1}1=1$。

满足性质4的矩阵范数与向量范数，称为**相容**的。与常用向量范数相容的矩阵范数如下：

引理3.7 设 n 阶方阵 $A=(a_{ij})_{n\times n}$，则

1）与 $\|X\|_1$ 相容的矩阵范数是 $\|A\|_1=\max\limits_{j}\sum\limits_{i=1}^{n}|a_{ij}|$；

2）与 $\|X\|_\infty$ 相容的矩阵范数是 $\|A\|_\infty=\max\limits_{i}\sum\limits_{j=1}^{n}|a_{ij}|$。

【例3.5】 计算矩阵 $A=\begin{pmatrix}1 & -1\\2 & 3\end{pmatrix}$的两种范数 $\|A\|_1$ 和 $\|A\|_\infty$。

解： $\|A\|_1=\max\{3,4\}=4$，$\|A\|_\infty=\max\{2,5\}=5$。

3.9 线性方程组的性态分析

$AX=B$ 的系数矩阵 A 和 B，往往带有误差。这些数据误差会对方程组的解产生怎样的影响呢？

首先，讨论矩阵 B 的误差对方程组解的影响。设矩阵 A 为非奇异矩阵，ΔB 为矩阵 B 的误差，解的误差是 ΔX，则有 $A(X+\Delta X)=B+\Delta B$，所以 $\Delta X=A^{-1}\Delta B$，$\|\Delta X\|\leqslant\|A^{-1}\|\|\Delta B\|$。另一方面，$\|B\|=\|AX\|\leqslant\|A\|\|X\|$，所以 $\|\Delta X\|\|B\|\leqslant\|A^{-1}\|\|\Delta B\|\|A\|\cdot\|X\|=\|A\|\|A^{-1}\|\|X\|\|\Delta B\|$。当 B 和 X 为非零向量时，有

$$\frac{\|\Delta X\|}{\|X\|}\leqslant\|A\|\|A^{-1}\|\frac{\|\Delta B\|}{\|B\|}\tag{3.16}$$

即解 X 的相对误差是初始数据 B 的相对误差的 $\|A\|\|A^{-1}\|$ 倍。

矩阵 B 及 A 有微小改动时，数值 $\|A^{-1}\|\|A\|$ 可标志着方程组解 X 的敏感程度。解 X 的相对误差可能随 $\|A^{-1}\|\|A\|$ 的增大而增大。所以系数矩阵 A 刻画了线性代数方程组的性态。

定义3.4 设矩阵 A 为 n 阶非奇异矩阵，称 $\|A^{-1}\|\|A\|$ 为矩阵 A 的**条件数**，记为 $\mathrm{cond}(A)$。

条件数有下列性质：

性质1　cond（$\boldsymbol{A}$）≥1；

性质2　cond（$k\boldsymbol{A}$）=cond（$\boldsymbol{A}$），k 为非零常数；

性质3　若 $\|\boldsymbol{A}\|=1$，则 cond（$\boldsymbol{A}$）$=\|\boldsymbol{A}^{-1}\|$。

当 cond（$\boldsymbol{A}$）相对很大时（无具体量值），称方程组 $\boldsymbol{AX}=\boldsymbol{B}$ 为**病态**的，否则称为**良态**的。若方程组为病态的，则求解过程中的舍入误差对解会有严重的影响。希尔伯特矩阵

$$\boldsymbol{H}_n=\begin{pmatrix} 1 & \frac{1}{2} & \cdots & \frac{1}{n} \\ \frac{1}{2} & \frac{1}{3} & \cdots & \frac{1}{n+1} \\ \vdots & \vdots & & \vdots \\ \frac{1}{n} & \frac{1}{n+1} & \cdots & \frac{1}{2n-1} \end{pmatrix}$$

是典型的病态矩阵。

【例3.6】 已知方程组 $\begin{pmatrix} 1.0001 & 0.15 \\ 0.15 & 0.0225 \end{pmatrix}\begin{pmatrix} x_1 \\ x_2 \end{pmatrix}=\begin{pmatrix} 1.1501 \\ 0.1725 \end{pmatrix}$，其解 $\boldsymbol{X}^*=\begin{pmatrix} 1 \\ 1 \end{pmatrix}$。判断该方程是否病态。

解法1：将系数加上很小的扰动量，得 $\begin{pmatrix} 1 & 0.15 \\ 0.15 & 0.0226 \end{pmatrix}\begin{pmatrix} x_1 \\ x_2 \end{pmatrix}=\begin{pmatrix} 1.5 \\ 0.17 \end{pmatrix}$，则其解为 $\hat{\boldsymbol{X}}^*=\begin{pmatrix} 84 \\ -550 \end{pmatrix}$。系数变化不大，而解的变化却很大。该方程组病态。

解法2：计算此方程组系数阵的 cond $\boldsymbol{A}=\begin{pmatrix} 1.0001 & 0.15 \\ 0.15 & 0.0225 \end{pmatrix}$，$\boldsymbol{A}^{-1}\approx 10^5\times\begin{pmatrix} 0.1 & -0.66666667 \\ -0.66666667 & 4.4448889 \end{pmatrix}$，$\|\boldsymbol{A}\|_\infty=1.1501$，$\|\boldsymbol{A}^{-1}\|_\infty\approx 511155.557$，得到 cond($\boldsymbol{A}$)≈587880，表明所给的方程组是病态的。

3.10　雅可比法

对于阶数不高的方程组，直接法非常有效，而对于高阶矩阵，却存在计算量大、精度低的问题。为了提高精度、减少运算量、节约内存，使用迭代法更有利。

对 n 阶方程组 $a_{i1}x_1+a_{i2}x_2+\cdots+a_{in}x_n=b_i$，$i=1, 2, \cdots, n$，若系数矩阵非奇异，且 $a_{ii}\neq 0$，$i=1, 2, \cdots, n$，可将方程组改写成

$$x_i=\frac{1}{a_{ii}}\Big(b_i-\sum_{\substack{j=1 \\ j\neq i}}^{n}a_{ij}x_j\Big) \tag{3.17}$$

其中 $i=1, 2, \cdots, n$。写成迭代格式为

$$x_i^{(k+1)}=\frac{1}{a_{ii}}\Big(b_i-\sum_{\substack{j=1 \\ j\neq i}}^{n}a_{ij}x_j^{(k)}\Big) \tag{3.18}$$

其中，上标（k）表示第 k 次迭代，上标（$k+1$）表示第 $k+1$ 次迭代。

定义 3.5 给定一组初值 $\boldsymbol{X}^{(0)}=(x_1^{(0)},\cdots,x_n^{(0)})^{\mathrm{T}}$ 后，经迭代可得到向量序列 $\boldsymbol{X}^{(k)}=(x_1^{(k)},\cdots,x_n^{(k)})^{\mathrm{T}}$，如果 $\boldsymbol{X}^{(k)}$ 收敛于 $\boldsymbol{X}^*=(x_1^*,\cdots,x_n^*)^{\mathrm{T}}$，则 $\boldsymbol{X}^*$ 就是方程组的解。该方法称为**雅可比（Jacobi）迭代法**。

以三个变量的线性方程组为例说明雅可比迭代公式的构造过程。假设有 3 个线性方程组成的线性方程组：

$$\begin{cases} a_{11}x_1+a_{12}x_2+a_{13}x_3=b_1 \\ a_{21}x_1+a_{22}x_2+a_{23}x_3=b_2 \\ a_{31}x_1+a_{32}x_2+a_{33}x_3=b_3 \end{cases}$$

则可以从 3 个线性方程中分别解出 x_1，x_2，x_3，得到如下表达式：

$$\begin{cases} x_1=(b_1-a_{12}x_2-a_{13}x_3)/a_{11} \\ x_2=(b_2-a_{21}x_1-a_{23}x_3)/a_{22} \\ x_3=(b_3-a_{31}x_1-a_{32}x_2)/a_{33} \end{cases}$$

将此表达式改写为迭代的格式，得到如下迭代公式：

$$\begin{cases} x_1^{(k+1)}=(b_1-a_{12}x_2^{(k)}-a_{13}x_3^{(k)})/a_{11} \\ x_2^{(k+1)}=(b_2-a_{21}x_1^{(k)}-a_{23}x_3^{(k)})/a_{22} \\ x_3^{(k+1)}=(b_3-a_{31}x_1^{(k)}-a_{32}x_2^{(k)})/a_{33} \end{cases}$$

再改写为矩阵的形式有

$$\boldsymbol{X}^{(k+1)}=\boldsymbol{B}\boldsymbol{X}^{(k)}+\boldsymbol{F} \tag{3.19}$$

其中系数矩阵 $\boldsymbol{B}$ 和向量 $\boldsymbol{F}$ 为

$$\boldsymbol{B}=\begin{pmatrix} 0 & -\dfrac{a_{12}}{a_{11}} & -\dfrac{a_{13}}{a_{11}} \\ -\dfrac{a_{21}}{a_{22}} & 0 & -\dfrac{a_{23}}{a_{22}} \\ -\dfrac{a_{31}}{a_{33}} & -\dfrac{a_{32}}{a_{33}} & 0 \end{pmatrix},\quad \boldsymbol{F}=\begin{pmatrix} \dfrac{b_1}{a_{11}} \\ \dfrac{b_2}{a_{22}} \\ \dfrac{b_3}{a_{33}} \end{pmatrix} \tag{3.20}$$

【例 3.7】 用雅可比迭代法求解线性方程组

$$\begin{cases} 5x_1+x_2+x_3=1 \\ x_1+10x_2+x_3=2 \\ x_1+x_2+15x_3=3 \end{cases}$$

要求解的精度达到精度 10^{-5}。

解：根据雅可比迭代列出迭代公式

$$\begin{cases} x_1^{(k+1)}=(1-x_2^{(k)}-x_3^{(k)})/5 \\ x_2^{(k+1)}=(2-x_1^{(k)}-x_3^{(k)})/10 \\ x_3^{(k+1)}=(3-x_1^{(k)}-x_2^{(k)})/15 \end{cases}$$

取初始解为

$$\begin{cases} x_1^{(0)} = 0 \\ x_2^{(0)} = 0 \\ x_3^{(0)} = 0 \end{cases}$$

经过 9 次迭代得到近似解

$$\begin{cases} x_1^{(9)} = 0.13019 \\ x_2^{(9)} = 0.16898 \\ x_3^{(9)} = 0.18006 \end{cases}$$

3.11 高斯-赛得尔法

高斯-赛得尔（Gauss – Seidel）**法**的思路是：$x_i^{(k+1)}$ 应该比 $x_i^{(k)}$ 更接近于原方程的解 x_i^*，$i=1, 2, \cdots, n$，因此在迭代过程中及时地以 $x_i^{(k+1)}$ 代替 $x_i^{(k)}$，可得到更好的效果：

$$x_i^{(k+1)} = \frac{1}{a_{ii}}\left(b_i - \sum_{j=1}^{i-1} a_{ij}x_j^{(k+1)} - \sum_{j=i+1}^{n} a_{ij}x_j^{(k)}\right) \tag{3.21}$$

其中 $i=1, 2, \cdots, n$。

有一种对高斯-赛得尔法的改进方法称为**逐次超松弛法**（Successive Over-Relaxation, SOR），其具体为通过引入松弛因子 w，将高斯-赛得尔迭代公式改进为

$$x_i^{(k+1)} = x_i^{(k)} + w\left[\frac{1}{a_{ii}}\left(b_i - \sum_{j=1}^{i-1} a_{ij}x_j^{(k+1)} - \sum_{j=i+1}^{n} a_{ij}x_j^{(k)}\right) - x_i^{(k)}\right] \tag{3.22}$$

其中 $0<w<2$。当 $w=1$ 时此公式就是高斯-赛得尔迭代公式；当 $w>1$ 时，此公式收敛速度可能高于高斯-赛得尔法的收敛速度，对应算法称为**超松弛法**。记

$$\Delta = \frac{1}{a_{ii}}\left(b_i - \sum_{j=1}^{i-1} a_{ij}x_j^{(k+1)} - \sum_{j=i+1}^{n} a_{ij}x_j^{(k)}\right) - x_i^{(k)} \tag{3.23}$$

则

$$x_i^{(k+1)} = x_i^{(k)} + w\Delta \tag{3.24}$$

Δ 相当于迭代的增量（或步长），w 用于调整增量的幅度。w 的作用与牛顿下山法（见 2.5 节）中的 λ 作用类似。

误差控制方法可参照非线性方程求根的迭代法，设 ε 为允许的绝对误差上限，可以检验 $\max\limits_{1\leqslant i\leqslant n} \left|x_i^{(k+1)} - x_i^{(k)}\right| < \varepsilon$ 是否成立，以确定计算是否终止。

雅可比、高斯-赛得尔算法的程序代码如下：

程序示例 3.2　雅可比算法、高斯-赛得尔算法及超松弛算法

```
// Jacobi method,AX=B,A is n* n
int mJacobi(M* A,int n,double* B,double e,int max,double* X)
{
    int i,j,k;
    double d,error,* Xold;
```

```
    if( n < 2 )
        return 0;
    for( i =0; i < n; i + + )
        if( fabs(A[i][i]) < 1e -50 )
            return 0;
    Xold =new double[n];
    for( i =0; i < n; i + + )
        Xold[i] =0. ;
    for( k =0; k < max; k + + )
    {
        error =0. ;
        for( i =0; i < n; i + + )
        {
            X[i] =B[i];
            for( j =0; j < n; j + + )
            {
                if( i ! =j )
                    X[i] - =A[i][j]* Xold[j];
            }
            X[i] / =A[i][i]; // obtain new X[i]
            d =fabs(X[i] -Xold[i]);
            if( error < d )
                    error =d;
            }
            if( error < e )
                break;
            memcpy(Xold,X,sizeof(double)* n); // update
        }
        delete []Xold;

        return k <max? 1:0;
    }

    // Gauss -Seidel method,AX =B,A is n* n
    int mGaussSeidel(M* A,int n,double* B,double e,int max,double* X)
    {
        int i,j,k;
        double d,error;

        if(n <2 )
            return 0;
        for( i =0; i < n; i + + )
```

```
    {
        if( fabs(A[i][i]) < 1e-50 )
            return 0;
        X[i] =0.;
    }
    for( k=0; k < max; k++ )
    {
        error =0.;
        for( i=0; i < n; i++ )
        {
            d=X[i]; // save old value
            X[i] =B[i];
            for( j=0; j < n; j++ )
            {
                if( i !=j )
                    X[i] -=A[i][j]* X[j];
            }
            X[i] /=A[i][i]; // obtain new X[i]
            d=fabs(X[i]-d);
            if( error < d )
                error=d;
        }
        if( error < e )
            break;
    }

    return k<max? 1:0;
}

//successive over-relaxation method,AX=B,A is n* n
int mSOR(M* A,int n,double* B,double w,double e,int max,double* X)
{
    int i,j,k;
    double d,error;

    if( n < 2 )
        return 0;
    for( i=0; i < n; i++ )
    {
        if( fabs(A[i][i]) < 1e-50 )
            return 0;
        X[i] =0.;
```

```
    }
    for( k=0; k < max; k++ )
    {
        error=0.;
        for( i=0; i < n; i++ )
        {
            d=X[i]; // save old value
            X[i]=B[i];
            for( j=0; j < n; j++ )
            {
                if( i !=j )
                    X[i] -=A[i][j]* X[j];
            }
            X[i] /=A[i][i]; // obtain new X[i]
            X[i]=d+w* (X[i]-d);
            d=fabs(X[i]-d);
            if( error < d )
                    error=d;
        }
        if( error < e )
                break;
    }

    return k<max? 1:0;
}
```


利用上面的算法，取收敛容差 $\varepsilon = 10^{-6}$（程序中用“e”表示），以线性方程组 $\begin{pmatrix} 1 & 0.4 & 0.5 \\ 0.5 & 1 & 0.4 \\ 0.4 & 0.5 & 1 \end{pmatrix}\begin{pmatrix} x_1 \\ x_2 \\ x_3 \end{pmatrix} = \begin{pmatrix} 1 \\ 1 \\ 1 \end{pmatrix}$为例，测试结果如下：雅可比法迭代 132 次、高斯-赛得尔法迭代 11 次，逐次超松弛法迭代 10 次（松弛因子 $w=1.05$）。可见，雅可比法收敛速度比较慢，高斯-赛得尔法有效提高了雅可比法的收敛速度，通过选取适当的松弛因子，逐次超松弛法可进一步提高算法的收敛速度。

3.12 迭代法的收敛条件

方程组 $\boldsymbol{AX}=\boldsymbol{C}$ 的一般迭代求解法（如雅可比迭代法）的矩阵形式为 $\boldsymbol{X}^{(k+1)}=\boldsymbol{BX}^{(k)}+\boldsymbol{F}$。由于不同迭代法的区别仅体现在不同的迭代矩阵 $\boldsymbol{B}$ 和 $\boldsymbol{F}$ 上，因此该矩阵形式具有普遍意义。

令 $\boldsymbol{X}^{(k+1)}=\boldsymbol{BX}^{(k)}+\boldsymbol{F}$，于是 $\boldsymbol{X}^{(k+1)}-\boldsymbol{X}^{(k)}=\boldsymbol{B}(\boldsymbol{X}^{(k)}-\boldsymbol{X}^{(k-1)})=\boldsymbol{B}^k(\boldsymbol{X}^{(1)}-\boldsymbol{X}^{(0)})$，所以 $\|\boldsymbol{X}^{(k+1)}-\boldsymbol{X}^{(k)}\| \leqslant q^k \|\boldsymbol{X}^{(1)}-\boldsymbol{X}^{(0)}\|$，其中 $q=\|\boldsymbol{B}\|$。参考定点法的收敛定理的证明，

可得如下定理：

定理 3.4 若迭代矩阵 $\boldsymbol{B}$ 的某种范数 $\|\boldsymbol{B}\|<1$，则 $\boldsymbol{X}^{(k+1)}=\boldsymbol{B}\boldsymbol{X}^{(k)}+\boldsymbol{F}$ 确定的迭代法对任意初值 $\boldsymbol{X}^{(0)}$ 均收敛。

定义 3.6 如果矩阵的每一行中，不在主对角线上的所有元素绝对值之和小于主对角线上元素的绝对值，即 $\sum\limits_{j=1,j\neq i}^{n}|a_{ij}|<|a_{ii}|, i=1,2,\cdots,n$，则称矩阵 $\boldsymbol{A}$ 按行严格对角占优。

定理 3.5 若线性方程组 $\boldsymbol{AX}=\boldsymbol{C}$ 的系数矩阵 $\boldsymbol{A}$ 按行严格对角占优，则雅可比迭代法对任意给定初值均收敛。

证明：假设 $\boldsymbol{X}^{(0)}$ 是初始值，则雅可比迭代公式为 $\boldsymbol{X}^{(k+1)}=\boldsymbol{B}\boldsymbol{X}^{(k)}+\boldsymbol{F}$，其中 $\boldsymbol{B}=-\begin{pmatrix} 0 & a_{12}/a_{11} & a_{13}/a_{11} & \cdots & a_{1n}/a_{11} \\ a_{21}/a_{22} & 0 & a_{23}/a_{22} & \cdots & a_{2n}/a_{22} \\ a_{31}/a_{33} & a_{32}/a_{33} & 0 & \cdots & a_{3n}/a_{33} \\ \vdots & \vdots & \vdots & & \vdots \\ a_{n1}/a_{nn} & a_{n2}/a_{nn} & a_{n3}/a_{nn} & \cdots & 0 \end{pmatrix}$，$\boldsymbol{F}=\begin{pmatrix} b_1/a_{11} \\ b_2/a_{22} \\ b_3/a_{33} \\ \vdots \\ b_n/a_{nn} \end{pmatrix}$。根据 3.8 节引理 3.7 中的情况 2）得 $\|\boldsymbol{B}\|<1$，再依据本节定理 3.4 知雅可比迭代对于任意初值收敛。

【例 3.8】 用雅可比迭代法解线性方程组

$$\begin{pmatrix} 9 & -1 & -1 \\ -1 & 8 & 0 \\ -1 & 0 & 9 \end{pmatrix}\begin{pmatrix} x_1 \\ x_2 \\ x_3 \end{pmatrix}=\begin{pmatrix} 7 \\ 7 \\ 8 \end{pmatrix}$$

解：所给线性方程组的系数矩阵按行严格对角占优，故雅可比迭代法和高斯-赛得尔迭代法都收敛。

令 $\boldsymbol{X}^{(k+1)}=\begin{pmatrix} 0 & 1/9 & 1/9 \\ 1/8 & 0 & 0 \\ 1/9 & 0 & 0 \end{pmatrix}\boldsymbol{X}^{(k)}+\begin{pmatrix} 7/9 \\ 7/8 \\ 7/9 \end{pmatrix}$，取 $\boldsymbol{X}^{(0)}$ 为零向量，逐次迭代近似值见表 3.2。

表 3.2 迭代结果

k	0	1	2	3	4
$\boldsymbol{X}^{(k)}$	$\begin{pmatrix} 0 \\ 0 \\ 0 \end{pmatrix}$	$\begin{pmatrix} 0.7778 \\ 0.8750 \\ 0.8889 \end{pmatrix}$	$\begin{pmatrix} 0.9738 \\ 0.9723 \\ 0.9753 \end{pmatrix}$	$\begin{pmatrix} 0.9942 \\ 0.9993 \\ 0.9993 \end{pmatrix}$	$\begin{pmatrix} 0.9993 \\ 0.9993 \\ 0.9993 \end{pmatrix}$

如果矩阵 $\boldsymbol{A}$ 严格对角占优，那么高斯-赛得尔迭代法的收敛速度快于雅可比迭代法的收敛速度。对于一个给定的系数矩阵 $\boldsymbol{A}$，两种方法可能都收敛，也可能都不收敛；还可能是雅可比方法收敛而高斯-赛得尔方法不收敛；亦或相反。

3.13 迭代法的误差估计

在利用迭代法求解线性方程组的过程中，确定合理的迭代终止条件是非常重要的。类似

于定点法，可以通过检验 $\max\limits_{1\leqslant i\leqslant n}|x_i^{(k+1)}-x_i^{(k)}|<\varepsilon$ 确定迭代是否终止。此迭代终止条件的理论依据如定理3.6。

定理3.6 设 $\boldsymbol{X}^*$ 是方程组 $\boldsymbol{AX}=\boldsymbol{C}$ 的同解方程 $\boldsymbol{X}=\boldsymbol{BX}+\boldsymbol{F}$ 的准确解，若迭代公式 $\boldsymbol{X}^{(k+1)}=\boldsymbol{BX}^{(k)}+\boldsymbol{F}$ 中迭代矩阵 $\boldsymbol{B}$ 的范数 $\|\boldsymbol{B}\|=q<1$，则有 $\|\boldsymbol{X}^{(k)}-\boldsymbol{X}^*\|\leqslant\frac{q}{1-q}\|\boldsymbol{X}^{(k)}-\boldsymbol{X}^{(k-1)}\|$。

证明：因 $\boldsymbol{X}^{(k)}=\boldsymbol{BX}^{(k-1)}+\boldsymbol{F}$，因为 $\boldsymbol{X}^*=\boldsymbol{BX}^*+\boldsymbol{F}$，故 $\|\boldsymbol{X}^{(k)}-\boldsymbol{X}^*\|\leqslant q\|\boldsymbol{X}^{(k-1)}-\boldsymbol{X}^*\|\leqslant q\|(\boldsymbol{X}^{(k-1)}-\boldsymbol{X}^{(k)})+(\boldsymbol{X}^{(k)}-\boldsymbol{X}^*)\|\leqslant q(\|\boldsymbol{X}^{(k-1)}-\boldsymbol{X}^{(k)}\|+\|\boldsymbol{X}^{(k)}-X^*\|)$，所以合并 $\|\boldsymbol{X}^{(k)}-\boldsymbol{X}^*\|$，并整理可以得到不等式：$(1-q)\|\boldsymbol{X}^{(k)}-\boldsymbol{X}^*\|\leqslant q\|\boldsymbol{X}^{(k-1)}-\boldsymbol{X}^{(k)}\|$，也就是 $\|\boldsymbol{X}^{(k)}-\boldsymbol{X}^*\|\leqslant\frac{q}{1-q}\|\boldsymbol{X}^{(k)}-\boldsymbol{X}^{(k-1)}\|$。

3.14 总结

很多工程应用、科学计算问题最终归结为大型线性方程组的求解，各种有限元分析软件都是建立在线性方程组求解器的基础之上。高斯消元法等直接求解线性方程组的方法仅适用于低阶的情况；对于大型线性方程组，古典迭代法（如雅可比迭代法、高斯-赛得尔迭代法等）的收敛速度慢，因此并不实用；共轭梯度法、Krylov 子空间方法较为实用。

练 习 题

1. 用高斯消元法求解

$$\begin{cases}x_1-x_2+2x_3-x_4=-8\\2x_1-2x_2+3x_3-3x_4=-20\\x_1+x_2+x_3=-2\\x_1-x_2+4x_3+3x_4=4\end{cases}$$

2. 用C语言实现高斯消元算法，并用5、10、15阶希尔伯特矩阵 $\boldsymbol{H}_n$ 求解 $\boldsymbol{H}_n\boldsymbol{X}=\begin{pmatrix}1\\\vdots\\1\end{pmatrix}$，验证算法的有效性。

3. 证明3.8节中的引理3.7。

4. 用高斯-赛得尔迭代法求解

$$\begin{pmatrix}9&-1&-1\\-1&8&0\\-1&0&9\end{pmatrix}\begin{pmatrix}x_1\\x_2\\x_3\end{pmatrix}=\begin{pmatrix}7\\7\\8\end{pmatrix}$$

5. 用C语言实现用雅可比迭代求解线性方程组的算法，用1000阶稀疏线性方程组的求解验证算法的有效性，并从精度和效率两方面与高斯消元法做对比分析。参考下面的代码创建稀疏矩阵：

程序示例 3.3　一种稀疏矩阵的数据结构

```
typedef struct _triplet TRIPLET; // 稀疏矩阵非 0 元素对应的三元组
struct _triplet
{
    int i; // 所在行号,0 < =i <nRow
    int j; // 所在列号,0 < =j <nCol
    double value; // 元素值,即 aij
};

typedef struct _s S; // 稀疏矩阵
struct _s
{
    int nRow; // nRow 行
    int nCol; // nCol 列
    int nz; // 非 0 元素的个数
    TRIPLET* ts; // 所有非 0 元素的三元组数组,ts[0],...,ts[nz -1]
};

S* sCreate(int nRow,int nCol,int nz) // 创建 nz 个非 0 元素的稀疏矩阵
{
    S* s =new S();
    s - >nRow =nRow;
    s - >nCol =nCol;
    s - >nz =nz;
    s - >ts =new TRIPLET[nz];
    for(int i =0; i < nz; i + +)
    {
        s - >ts[i].i =0;
        s - >ts[i].j =0;
        s - >ts[i].value =0.;
    }
    return s;
}

void sFree(S* s) // 释放稀疏矩阵的内存
{
    delete [](s - >ts);
    delete s;
}
```

第4章

插　　值

插值在科学计算和工程技术中有广泛应用，如图4.1所示。例如，由实验得到一系列节点 x_0，x_1，…，x_n 及对应的函数值 y_0，y_1，…，y_n，要构造函数 $y=f(x)$，使 $y_i=f(x_i)$，这就是简单的插值问题。插值的核心问题是：插值函数的构造、插值函数的存在性、唯一性以及误差分析等。

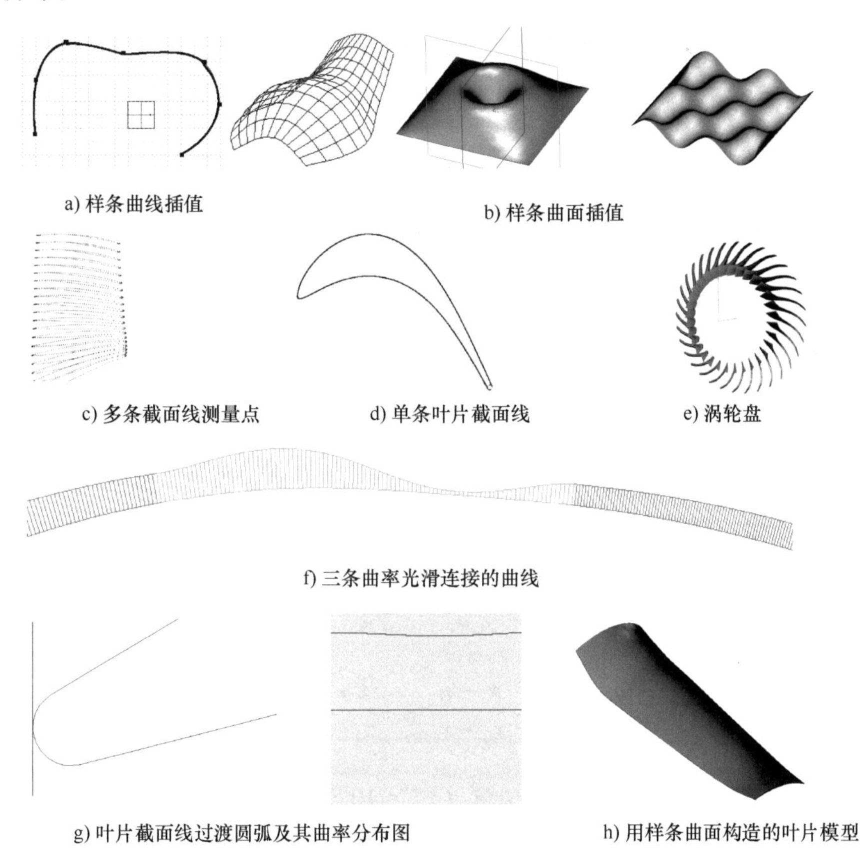

图4.1　插值、拟合算法在工程中的应用

4.1 代数插值

一个基本的插值问题就是构造函数 $y=f(x)$ 的近似表达式。常用方法是构造 n 次多项式 $P_n(x)$，使 $P_n(x_i)=y_i$，$i=0, 1, \cdots, n$，如图 4.2 所示。作为 $f(x)$ 的近似表达式，称 $P_n(x)$ 为 $f(x)$ 的**插值函数**，$x_0, x_1, \cdots, x_n$ 为**插值节点**。以代数多项式作为工具来构造插值的方法叫作**代数插值**，代数插值的优点是插值函数为多项式，多项式求值方便且连续可导。设 $x_0<x_1<\cdots<x_n$ 为插值节点，令 $a=x_0$，$b=x_n$，称 $[a, b]$ 为**插值区间**。

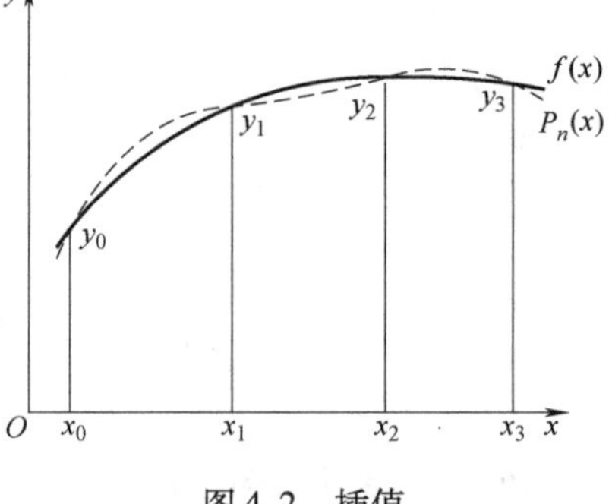

图 4.2 插值

设插值多项式为 $P_n(x)=a_0+a_1x+a_2x^2+\cdots+a_nx^n$，由插值条件 $P(x_i)=y_i$，$i=0, 1, \cdots, n$，得到线性代数方程组：

$$1\cdot a_0+x_ia_1+\cdots+x_i^na_n=y_i,\quad i=0, 1, \cdots, n \tag{4.1}$$

该线性方程组的系数行列式为

$$D=\begin{vmatrix} 1 & x_0 & x_0^2 & \cdots & x_0^n \\ 1 & x_1 & x_1^2 & \cdots & x_1^n \\ \vdots & \vdots & \vdots & & \vdots \\ 1 & x_n & x_n^2 & \cdots & x_n^n \end{vmatrix}=\prod_{0\leqslant j<i\leqslant n}(x_i-x_j) \tag{4.2}$$

D 为范德蒙（Vandermonde）行列式。由于对于任何满足 $0\leqslant j<i\leqslant n$ 的 i，j，都有 $x_i\neq x_j$，所以 $D\neq 0$，即该线性方程组有唯一解，故 $P_n(x)$ 由插值条件**唯一确定**。

4.2 拉格朗日插值

已知 $y=f(x)$ 在给定节点 x_0，x_1 上的值为 y_0，y_1。**线性插值**就是构造一个一次多项式 $P_1(x)=ax+b$，使它满足条件 $P_1(x_0)=y_0$，$P_1(x_1)=y_1$。该一次多项式 $P_1(x)=ax+b$ 的几何意义就是一条直线，如图 4.3a 所示。由解析几何得其具体的表达式

$$P_1(x)=y_0+\frac{y_1-y_0}{x_1-x_0}(x-x_0) \tag{4.3}$$

也可以写成对称的形式

$$P_1(x)=\frac{x-x_1}{x_0-x_1}y_0+\frac{x-x_0}{x_1-x_0}y_1 \tag{4.4}$$

【例 4.1】 用线性插值估算 $\sqrt{119}$ 的近似值（$x^*\approx 10.9087$）。

解： 设 $y=\sqrt{x}$，取 $x_0=100$，$x_1=121$，则 $y_0=10$，$y_1=11$，从而 $\sqrt{119}\approx P_1(119)=10+\dfrac{11-10}{121-100}(119-100)\approx 10.9048$。

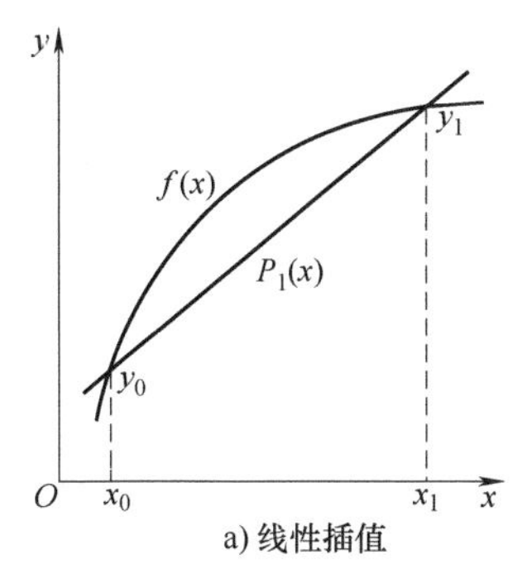

a) 线性插值

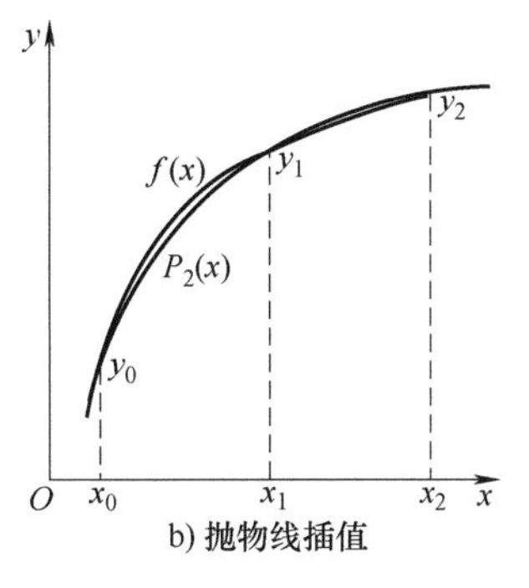

b) 抛物线插值

图 4.3　线性插值与抛物线插值

用简单的曲线近似地替代复杂的曲线就是插值的一种原始思路。下面介绍用二次曲线构造插值函数的方法。设函数 $y=f(x)$ 在给定的互异插值节点 x_0，x_1，x_2 上对应的函数值为 y_0，y_1，y_2，二次插值就是构造一个二次多项式 $P_2(x)=a_0+a_1x+a_2x^2$，使之满足 $P_2(x_i)=y_i$，$i=0$，1，2，二次插值也称为**抛物线插值**，如图 4.3b 所示。令 $P_2(x)=l_0(x)y_0+l_1(x)y_1+l_2(x)y_2$，满足

$$\begin{cases} l_0(x_0)=1, l_0(x_1)=0, l_0(x_2)=0 \\ l_1(x_0)=0, l_1(x_1)=1, l_1(x_2)=0 \\ l_2(x_0)=0, l_2(x_1)=0, l_2(x_2)=1 \end{cases} \tag{4.5}$$

通过方程求解得到

$$l_0(x)=\frac{(x-x_1)(x-x_2)}{(x_0-x_1)(x_0-x_2)} \tag{4.6}$$

$$l_1(x)=\frac{(x-x_0)(x-x_2)}{(x_1-x_0)(x_1-x_2)} \tag{4.7}$$

$$l_2(x)=\frac{(x-x_1)(x-x_0)}{(x_2-x_1)(x_2-x_0)} \tag{4.8}$$

【例 4.2】 用抛物线插值的方法求 $\sqrt{119}(x^*\approx 10.9087)$。

解：设 $y=\sqrt{x}$，取 $x_0=100$，$x_1=121$，$x_2=144$，对应的 $y_0=10$，$y_1=11$，$y_2=12$，所以 $\sqrt{119}\approx P_2(119)\approx 10.9083$。与前面 $\sqrt{119}$ 的线性插值结果比较，抛物线插值的精度高一个量级，如图 4.4 和图 4.5 所示。

为讨论拉格朗日插值多项式的构造方法，先给出一个关于多项式零点性质的引理。

引理 4.1　对于多项式 $P(x)$，如果 x_0 是其零点，则 $x-x_0$ 是 $P(x)$ 的一次因式，或者说 $x-x_0$ 可整除 $P(x)$，即存在多项式 $Q(x)$，满足 $P(x)=Q(x)(x-x_0)$。

设 $y=f(x)$ 为区间 $[a, b]$ 上的连续函数，对给定的 $n+1$ 个不同节点 x_0，x_1，…，x_n，分别取函数值 y_0，y_1，…，y_n，其中 $y_i=f(x_i)$，$i=0$，1，…，n。为构造 n 次插值多项式 $P_n(x)=a_0+a_1x+a_2x^2+\cdots+a_nx^n$，使之满足条件 $P_n(x_i)=y_i$，$i=0$，1，…，n，考虑将 $P_n(x)$ 表示成 $n+1$ 个多项式之和，即 $P_n(x)=\sum\limits_{k=0}^{n}l_k(x)y_k$，使每个多项式 $l_k(x)$ 仅在一个

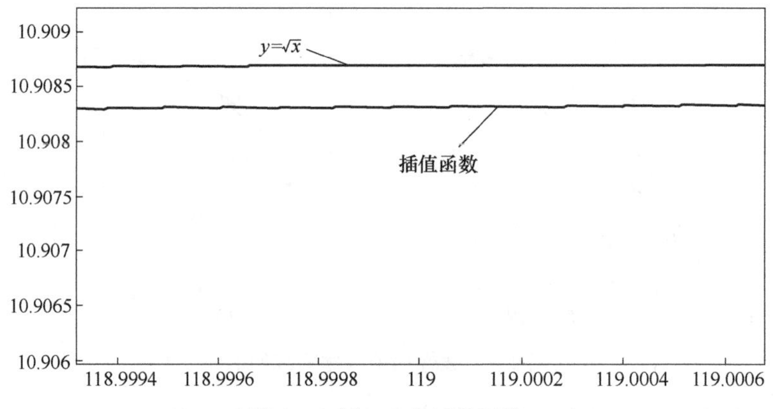

图 4.4　例 4.2 中插值函数

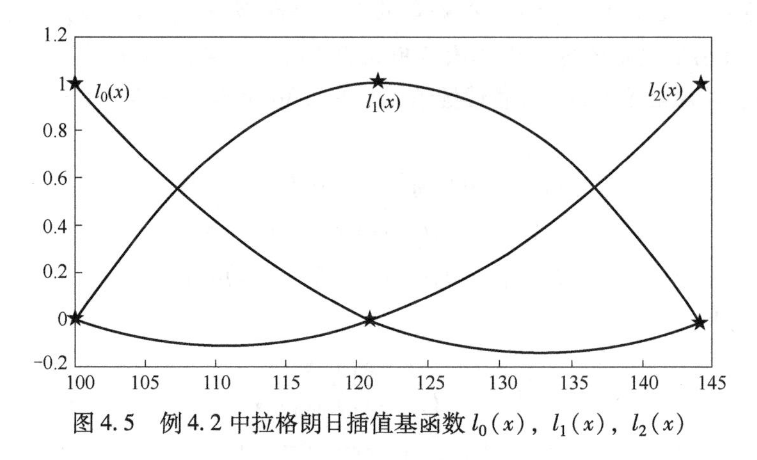

图 4.5　例 4.2 中拉格朗日插值基函数 $l_0(x)$，$l_1(x)$，$l_2(x)$

插值节点处满足一个插值条件 $l_k(x_k)=1$，且在其他插值节点处取零值（$l_k(x_i)=0$，$i\neq k$），那么显然这样的 $P_n(x)$ 满足所有插值条件。对于所有 $i\neq k$，由于 x_i 都是 $l_k(x)$ 的零点，应用前面给出的关于多项式零点性质的引理 4.1，可推出 $x-x_i$ 是 $l_k(x)$ 的因式。根据以上分析结果，令

$$l_k(x) = \prod_{j=0,j\neq k}^{n} \frac{x-x_j}{x_k-x_j} \tag{4.9}$$

可以证明

$$l_k(x_i) = \delta_{ki} \tag{4.10}$$

其中 $\delta_{ki}=\begin{cases}1, & k=i\\ 0, & k\neq i\end{cases}$为**克罗内克符号**（Kronecker delta）。令

$$P_n(x) = \sum_{k=0}^{n} l_k(x)y_k \tag{4.11}$$

则 $P_n(x)$ 满足 $P_n(x_i)=y_i$，$i=0$，1，…，n，$P_n(x)$ 称为**拉格朗日**（Lagrange）**插值多项式**。

下面给出计算拉格朗日插值多项式 $P_n(x)$ 在点 x 处函数值的程序代码（注意不要求 $X[0]\leqslant x\leqslant X[n]$，$X$ 为插值节点数组）。

程序示例4.1　拉格朗日插值算法

```
//计算 n 次拉格朗日插值多项式 L(x)在 x 处的函数值
//输入:节点数 n+1,X[0]<X[1]<...<X[n]为插值节点,对应函数值为 Y[0],Y[1]...Y[n],x
为任意实数
//输出:L(x)
double Interp(int n,double* X,double* Y,double x)
{
    double y=0.;
    for(int i=0; i<=n; i++)
    {
        double li=1.;
        for(int j=0; j<=n; j++)
        {
            if(j!=i)
                li*=((x-X[j])/(X[i]-X[j]));
        }
        y+=li*Y[i];
    }

    return y;
}
```

将差值 $f(x)-P_n(x)$ 称为用插值多项式 $P_n(x)$ 代替 $f(x)$ 的**余项**，记为 $R_n(x)=f(x)-P_n(x)$。设 x 是 $[a,\ b]$ 中任意**固定**的值，若 x 是插值节点 x_i，则 $R_n(x_i)=0$，如 x 不是节点，考虑构造如下函数：

$$\varphi(t)=f(t)-P_n(t)-\frac{\omega_{n+1}(t)}{\omega_{n+1}(x)}R_n(x) \tag{4.12}$$

其中

$$\omega_{n+1}(x)=\prod_{k=0}^{n}(x-x_k) \tag{4.13}$$

由插值条件知 $\varphi(x_i)=0$，$i=0,\ 1,\ \cdots,\ n$，且

$$\varphi(x)=f(x)-P_n(x)-\frac{\omega_{n+1}(x)}{\omega_{n+1}(x)}R_n(x)=0 \tag{4.14}$$

所以 $\varphi(t)$ 在 $[a,\ b]$ 上有 $n+2$ 个互异零点。应用罗尔定理，$\varphi'(t)$ 在 $\varphi(t)$ 的每两个零点间有一个零点，即 $\varphi'(t)$ 在 $[a,\ b]$ 上至少有 $n+1$ 个零点，进一步对 $\varphi'(t)$ 应用罗尔定理可知，$\varphi''(t)$ 在 $[a,\ b]$ 上至少有 n 个零点，继续上述讨论可推出 $\varphi^{(n+1)}(t)$ 在 $[a,\ b]$ 内至少有一个零点，记该零点为 ξ，即 $\varphi^{(n+1)}(\xi)=0$。因 $P_n(t)$ 为不高于 n 次的多项式。所以 $P_n^{(n+1)}(t)=0$，$\omega_{n+1}^{(n+1)}(t)=(n+1)!$，于是

$$0=\varphi^{(n+1)}(\xi)=f^{(n+1)}(\xi)-\frac{(n+1)!\ R_n(x)}{\omega_{n+1}(x)} \tag{4.15}$$

整理可得

$$R_n(x)=\frac{f^{(n+1)}(\xi)}{(n+1)!}\omega_{n+1}(x) \tag{4.16}$$

于是得到关于拉格朗日插值的余项定理。

定理4.1 设$f(x)$在区间$[a, b]$上具有直到n阶的连续导数，$f^{(n+1)}(x)$在$[a, b]$上存在，x_0，x_1，…，x_n在$[a, b]$上互异，$P_n(x)$为$f(x)$的拉格朗日插值多项式，记插值余项为$R_n(x)=f(x)-P_n(x)$，则对$[a, b]$内的任意x，存在$\xi\in[a, b]$使余项$R_n(x)=\frac{f^{(n+1)}(\xi)}{(n+1)!}\omega_{n+1}(x)$，其中$\omega_{n+1}(x)=\prod_{k=0}^{n}(x-x_k)$。

拉格朗日插值的优点是用多项式实现插值，构造简单、计算方便；存在的问题是要获得较高的精度，就要使用高次多项式，插值函数光顺性差。

4.3 埃尔米特插值多项式

要求在一个节点x_0处直到m阶导数都与$f(x)$重合的插值多项式即为$f(x)$的泰勒展开式：

$$\phi(x)=f(x_0)+f'(x_0)(x-x_0)+\cdots+\frac{f^{(m)}(x_0)}{m!}(x-x_0)^m \tag{4.17}$$

在实际应用中，有时除要求插值多项式通过点(x_i, y_i)，$i=0, 1, \cdots, n$外，还要求插值多项式在x_i上的一阶导数值也与被插值函数的导数值相等。此类插值多项式称为**埃尔米特**（Hermite）插值多项式，记为$H(x)$。依照拉格朗日插值思路，先确定多项式插值空间的维数。注意到插值条件共有$2(n+1)$个条件，所以插值多项式次数为$2n+1$，令

$$H(x)=\sum_{i=0}^{n}h_i(x)f(x_i)+\sum_{i=0}^{n}g_i(x)f'(x_i) \tag{4.18}$$

问题变为求$2n+1$次多项式$h_i(x)$和$g_i(x)$，满足：

$$\begin{cases}h_i(x_j)=\delta_{ij}\\ h_i'(x_j)=0\end{cases} \tag{4.19}$$

$$\begin{cases}g_i(x_j)=0\\ g_i'(x_j)=\delta_{ij}\end{cases} \tag{4.20}$$

【例4.3】 构造插值多项式$H(x)$使其在x_1，x_2处的多项式值为f_1，f_2，导数为f_1'，f_2'。

解： 令$H(x)=h_1(x)f_1+h_2(x)f_2+g_1(x)f_1'+g_2(x)f_2'$。为简化问题假设$x_1=0$，$x_2=1$，用待定系数法求解，可以得到以下结果（参考图4.6）：

$$h_1(x)=(1+2x)(x-1)^2$$

$$h_2(x)=(3-2x)x^2$$

$$g_1(x)=x(x-1)^2$$

$$g_2(x)=(x-1)x^2$$

如果不限定用多项式，可构造出无穷多个类似$h_1(x)$，$h_2(x)$，$g_1(x)$，$g_2(x)$的函数，满足插值的要求，所以$h_1(x)$，$h_2(x)$，$g_1(x)$，$g_2(x)$不是唯一的。

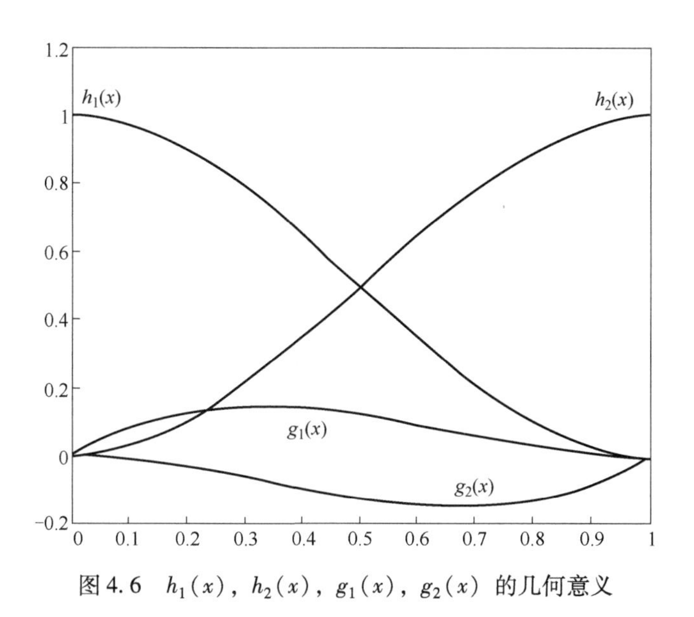

图4.6 $h_1(x)$，$h_2(x)$，$g_1(x)$，$g_2(x)$ 的几何意义

定理4.2 埃尔米特插值多项式唯一存在。

证明：存在性（简略证明）。由于很多插值节点 x_i 就是 $h_k(x)$ 和 $g_k(x)$ 的零点，应用4.2节中关于多项式零点性质的引理4.1，令 $\omega_{n+1}(x) = \prod_{k=0}^{n}(x - x_k)$，构造 $h_k(x)$ 和 $g_k(x)$ 如下：

$$h_k(x) = \frac{(Ax+B)\omega_{n+1}^2(x)}{(x-x_k)^2}$$

$$g_k(x) = \frac{C\omega_{n+1}^2(x)}{(x-x_k)}$$

其中 A，B，C 是待定系数。取适当的 A，B，C，可以满足 $\begin{cases} h_i(x_j) = \delta_{ij} \\ h_i'(x_j) = 0 \end{cases}$，$\begin{cases} g_i(x_j) = 0 \\ g_i'(x_j) = \delta_{ij} \end{cases}$。于是完成存在性证明。

唯一性。用反证法，假设存在两个不同的埃尔米特插值多项式 $H_1(x)$ 和 $H_2(x)$，令 $G(x) = H_1(x) - H_2(x)$，则 $G(x)$ 的次数小于或等于 $2n+1$，且满足 $G(x_i) = 0$，$G'(x_i) = 0$，$i = 0, 1, \cdots, n$，所以 $G(x)$ 必然含有因子 $(x - x_i)^2$，$i = 0, 1, \cdots, n$，故 $G(x)$ 的次数大于等于 $2n+2$，与假设结论矛盾，完成唯一性证明。

【例4.4】 已知函数在0，1处的函数值分别为2、3，导数值为0、−1，用埃尔米特插值估算其在0.5处的值。

解：构造插值函数 $H(x) = 2(1+2x)(x-1)^2 + 3(3-2x)x^2 - (x-1)x^2$，$H(0.5) = 2.625$。

下面把埃尔米特插值推广到三维矢量的形式。设有 $n+1$ 个三维点 $\boldsymbol{P}_i$ 和对应的单位切向矢量 $\boldsymbol{T}_i$，$i = 0, 1, \cdots, n$，取 $t_0 = 0$，$t_i = \sum_{1 \leqslant k \leqslant i} \| \boldsymbol{P}_{k-1} - \boldsymbol{P}_k \|$，$i = 1, 2, \cdots, n$，其中 $\| \ \|$ 表示三维矢量模长。$\boldsymbol{P}_i$ 的 x、y、z 坐标分量记为 $\boldsymbol{P}_i(0)$，$\boldsymbol{P}_i(1)$，$\boldsymbol{P}_i(2)$，$\boldsymbol{T}_i$ 有同样的记号。

分别对 x、y、z 构造 t_0，t_1，…，t_n 上的埃尔米特插值，得到

$$\boldsymbol{P}(t)=\begin{pmatrix}\sum_{i=0}^{n}h_i(t)\boldsymbol{P}_i(0)+\sum_{i=0}^{n}g_i(t)\boldsymbol{T}_i(0)\\ \sum_{i=0}^{n}h_i(t)\boldsymbol{P}_i(1)+\sum_{i=0}^{n}g_i(t)\boldsymbol{T}_i(1)\\ \sum_{i=0}^{n}h_i(t)\boldsymbol{P}_i(2)+\sum_{i=0}^{n}g_i(t)\boldsymbol{T}_i(2)\end{pmatrix}\tag{4.21}$$

对于给定的初始条件 $\boldsymbol{P}_0$，$\boldsymbol{P}_1$，$\boldsymbol{T}_0$，$\boldsymbol{T}_1$，要求构造插值三次曲线以 $\boldsymbol{P}_0$，$\boldsymbol{P}_1$ 为端点位置，以 $\boldsymbol{T}_0$，$\boldsymbol{T}_1$ 为端点切向矢量，则该曲线如下：

$$\boldsymbol{P}(t)=(1,t,t^2,t^3)\begin{pmatrix}1&0&0&0\\0&0&1&0\\-3&3&-2&-1\\2&-2&1&1\end{pmatrix}\begin{pmatrix}\boldsymbol{P}_0\\\boldsymbol{P}_1\\\boldsymbol{T}_0\\\boldsymbol{T}_1\end{pmatrix}\tag{4.22}$$

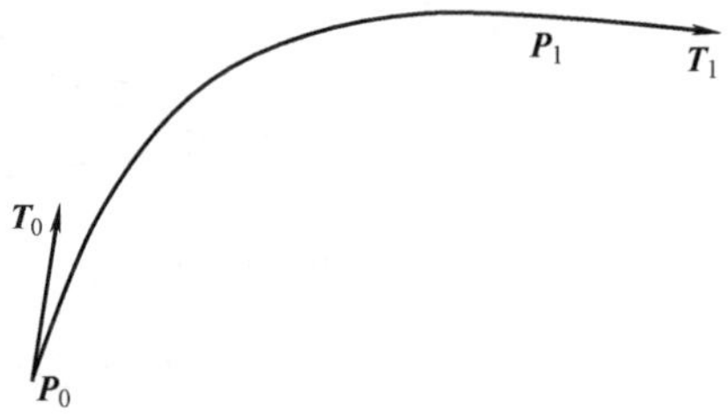

图 4.7　三次埃尔米特插值曲线

其中 $t\in[0,1]$，如图 4.7 所示。

4.4　三次样条

当插值多项式的次数较高时，其对应的图像可能出现显著震荡，如图 4.8 所示，这种现象被称为龙格（Runge）现象。因此，用多项式插值时，一般不宜选取高次多项式插值。但是，插值多项式次数较低时，又会降低插值的精度。为了克服震荡和精度低的问题，可采用分段低次插值，并在连接处保证一定的连续性。这类方法既克服了上述缺点，又有很好的局部性质。

插值多项式既要简单，又要光滑，且次数低，在节点上不仅连续，还存在连续的低阶导数，这样的插值称为**样条插值**，它所对应的曲线称为**样条曲线**。最早样条曲线是指绘图员借助样条（一种软木或塑料的长条）和压铁绘制出的曲线。这种曲线在数学上是分段三次多项式曲线，具有良好的力学性质。

定义 4.1　在区间 $[a,b]$ 上给定节点 $a=x_0<x_1<x_2<\cdots<x_n=b$ 和相应的值 y_0，y_1，…，y_n，如果 $s(x)$ 具有如下性质：

1）在子区间 $[x_{i-1},x_i]$（$i=1,2,\cdots,n$）上 $s(x)$ 是不高于三次的多项式；

2）$s(x)$、$s'(x)$、$s''(x)$ 在 $[a,b]$ 上连续；

3）$s(x_i)=y_i$，$i=0,1,2,\cdots,n$。

则称 $s(x)$ 为**三次样条插值函数**。

所以三次样条函数一般可以表示为

$$s(x)=\begin{cases}s_1(x)=a_1+b_1x+c_1x^2+d_1x^3, & x\in[x_0,x_1]\\ \qquad\vdots & \\ s_n(x)=a_n+b_nx+c_nx^2+d_nx^3, & x\in[x_{n-1},x_n]\end{cases}\tag{4.23}$$

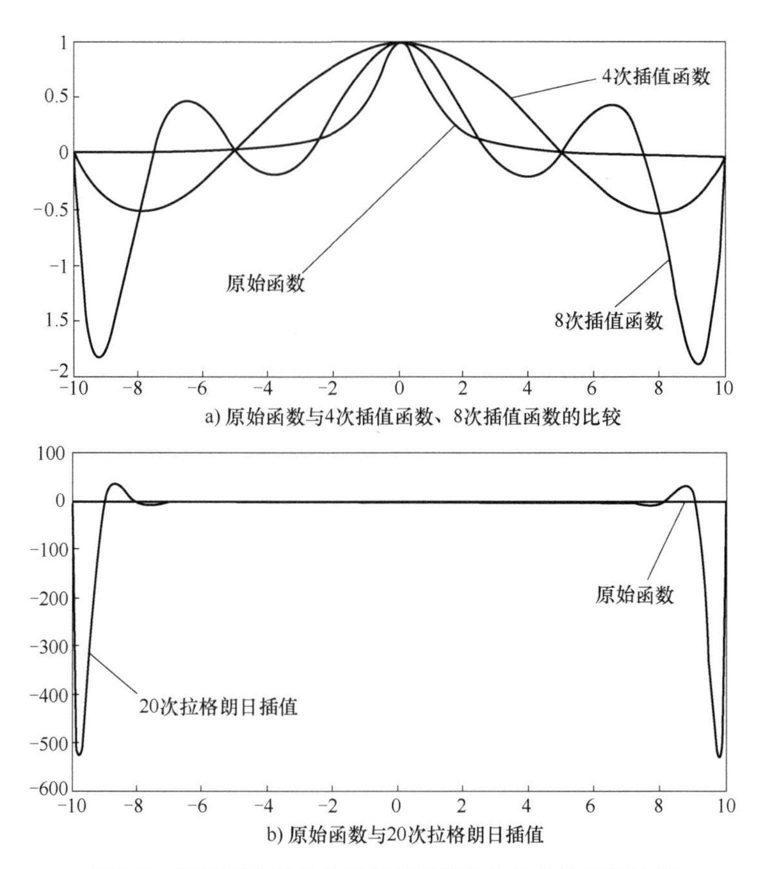

图 4.8　用不同次数的拉格朗日插值产生的龙格现象比较

令 $M_i = s''(x_i)$，$i=0, 1, 2, \cdots, n$，根据三次样条函数的定义，$s(x)$ 在区间 $[x_{i-1}, x_i]$ 上是三次多项式，所以 $s''(x)$ 在 $[x_{i-1}, x_i]$ 上的表达式为

$$s_i''(x) = M_{i-1}\frac{x_i - x}{h_i} + M_i\frac{x - x_{i-1}}{h_i} \tag{4.24}$$

其中 $h_i = x_i - x_{i-1}$。通过两次积分可得

$$s_i'(x) = -M_{i-1}\frac{(x_i - x)^2}{2h_i} + M_i\frac{(x - x_{i-1})^2}{2h_i} + A_i \tag{4.25}$$

$$s_i(x) = M_{i-1}\frac{(x_i - x)^3}{6h_i} + M_i\frac{(x - x_{i-1})^3}{6h_i} + A_i(x - x_i) + B_i \tag{4.26}$$

其中 A_i 和 B_i 为积分常数，因为 $s_i(x_{i-1}) = y_{i-1}$，$s_i(x_i) = y_i$，所以由此解得

$$A_i = \frac{y_i - y_{i-1}}{h_i} - \frac{h_i}{6}(M_i - M_{i-1}) \tag{4.27}$$

$$B_i = y_i - \frac{M_i}{6}h_i^2 \tag{4.28}$$

所以只要给定了 M_i，$s(x)$ 就完全确定了。由 $s_i'(x_i) = s_{i+1}'(x_i)$ 知 M_i 须满足 $n-1$ 个线性条件。有 $n+1$ 个未知量 M_i，为确定所有 M_i，还需加上两个**边界条件**，一般可增加 $M_0 = M_n = 0$ 两个条件，这样插值得到三次样条称为**自然样条**。

【例 4.5】 构造三次样条插值函数，插值节点为 $x_0=0$，$x_1=1$，$x_2=2$，$y_0=1$，$y_1=0.6$，$y_2=0.8$，取 $M_0=0$，$M_2=0$。

解：利用待定系数法得到

$$s(x)=\begin{cases}s_1(x)=0.15x^3-0.55x+1, x\in[0,1]\\ s_2(x)=0.15(2-x)^3+0.45(2-x)+0.8(x-1), x\in[1,2]\end{cases}$$

上面的讨论可以推广到三维情况。给出 $n+1$ 个三维空间中的不同点 $\boldsymbol{P}_i$ 以及二阶导数矢量 $\boldsymbol{M}_i$，要构造一条曲线 $\boldsymbol{P}(t)$，满足 $\boldsymbol{P}(t_i)=\boldsymbol{P}_i$，其中 $t_0<t_1<\cdots<t_n$，且 $\boldsymbol{P}(t)$ 在 $[t_i, t_{i+1}]$ $(i=0, 1, \cdots, n-1)$ 内是三次光滑曲线，$\boldsymbol{P}(t)$ 在 $[t_0, t_n]$ 上整体二阶可导。首先可以用弦长来构造 $t_0<t_1<\cdots<t_n$，取

$$t_0=0,\ t_i=t_{i-1}+\|\boldsymbol{P}_{i-1}-\boldsymbol{P}_i\| \tag{4.29}$$

其中 $i=1, 2, \cdots, n$，$\|\ \|$ 表示三维矢量模长；其次对前面三次样条函数的推导过程稍加修改，即可将其推广到三维情况，如图 4.9 所示。

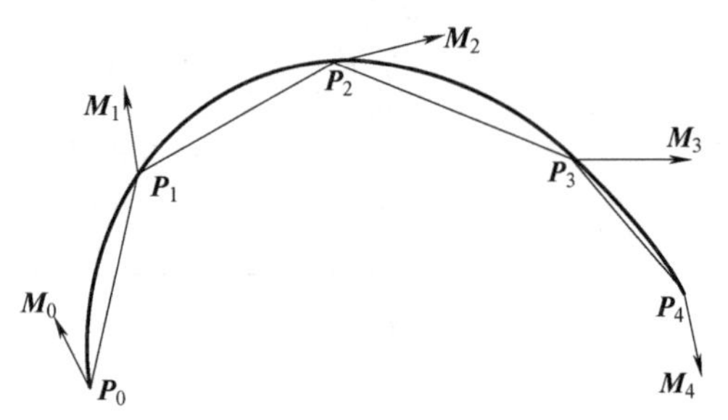

图 4.9 三维样条插值

4.5 贝塞尔曲线

从下面的插值函数的表达形式中，可以看出插值函数就是“系数”函数与函数值或其导数的混合：

$$P_1(x)=\frac{x-x_1}{x_0-x_1}y_0+\frac{x-x_0}{x_1-x_0}y_1 \tag{4.30}$$

$$P_2(x)=l_0(x)y_0+l_1(x)y_1+l_2(x)y_2 \tag{4.31}$$

$$P_n(x)=\sum_{k=0}^{n}l_k(x)y_k \tag{4.32}$$

$$H(x)=\sum_{i=0}^{n}h_i(x)f(x_i)+\sum_{i=0}^{n}g_i(x)f'(x_i) \tag{4.33}$$

这里所谓的“系数”函数称为**基函数**。其插值函数一般表达为 $\boldsymbol{P}(t)=\sum_{i=0}^{n}B_i(t)\boldsymbol{P}_i$。给定空间 $n+1$ 个点的位置矢量 $\boldsymbol{P}_i(i=0, 1, 2, \cdots, n)$，则 n 次**贝塞尔曲线**定义为

$$\boldsymbol{P}(t)=\sum_{i=0}^{n}B_{i,n}(t)\boldsymbol{P}_i \tag{4.34}$$

其中伯恩斯坦（Bernstein）基函数（见图 4.10）为

$$B_{i,n}(t)=\frac{n!}{i!(n-i)!}t^i(1-t)^{n-i} \tag{4.35}$$

贝塞尔曲线是参数形式的曲线，又是多项式曲线，一条 n 次贝塞尔曲线可以表示成 $n+1$ 个控制点分别与 $n+1$ 个 n 次伯恩斯坦基函数相乘再相加，如图 4.11 所示。可以证明

$$B_{i,n}(t)=(1-t)B_{i,n-1}(t)+tB_{i-1,n-1}(t) \tag{4.36}$$

其中$0 \leqslant i \leqslant n$，即$n$次伯恩斯坦基函数可以表示成两个$n-1$次伯恩斯坦基函数的组合。伯恩斯坦基函数的一个重要性是：对任何t有

$$\sum_{k=0}^{n} B_{k,n}(t) = 1 \tag{4.37}$$

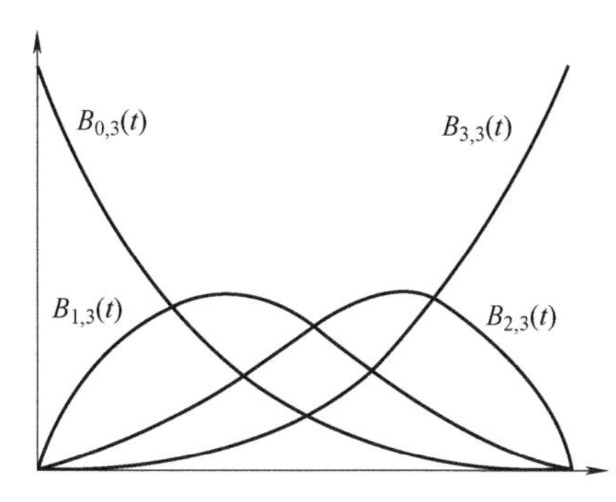

图4.10　三次伯恩斯坦基函数

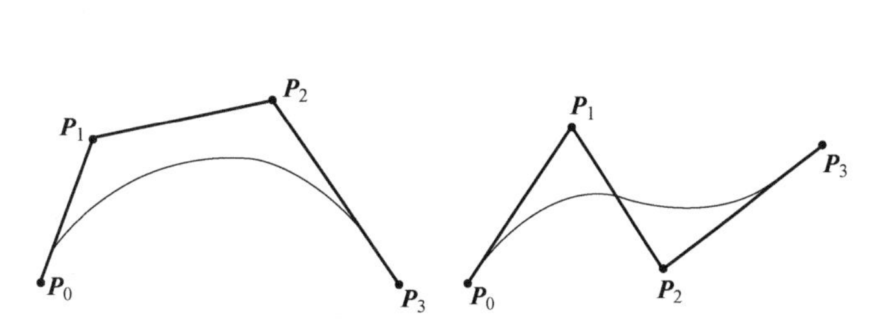

图4.11　贝塞尔曲线的控制顶点

【例4.6】 求二次贝塞尔曲线$\boldsymbol{P}(t)$，控制点为$\boldsymbol{P}_0$，$\boldsymbol{P}_1$，$\boldsymbol{P}_2$。

解：曲线写成矢量的形式为$\boldsymbol{P}(t)=(1-t)^2\boldsymbol{P}_0+2(1-t)t\boldsymbol{P}_1+t^2\boldsymbol{P}_2$，用矩阵表示为

$$\boldsymbol{P}(t)=(t^2,t,1)\begin{pmatrix}1 & -2 & 1\\ -2 & 2 & 0\\ 1 & 0 & 0\end{pmatrix}\begin{pmatrix}\boldsymbol{P}_0\\ \boldsymbol{P}_1\\ \boldsymbol{P}_2\end{pmatrix}$$

【例4.7】 求三次贝塞尔曲线$\boldsymbol{P}(t)$，控制顶点为$\boldsymbol{P}_0$，$\boldsymbol{P}_1$，$\boldsymbol{P}_2$，$\boldsymbol{P}_3$。

解：曲线写成矢量的形式为

$$\boldsymbol{P}(t)=(1-t)^3\boldsymbol{P}_0+3(1-t)^2t\boldsymbol{P}_1+3(1-t)t^2\boldsymbol{P}_2+t^3\boldsymbol{P}_3$$

用矩阵表示为

$$\boldsymbol{P}(t)=(t^3,t^2,t,1)\begin{pmatrix}-1 & 3 & -3 & 1\\ 3 & -6 & 3 & 0\\ -3 & 3 & 0 & 0\\ 1 & 0 & 0 & 0\end{pmatrix}\begin{pmatrix}\boldsymbol{P}_0\\ \boldsymbol{P}_1\\ \boldsymbol{P}_2\\ \boldsymbol{P}_3\end{pmatrix}$$

【例4.8】 以三次贝塞尔曲线为例，用几何作图法求对应参数等于0.5的坐标，如图4.12所示。

解：

利用上面介绍的作图方法可以计算出贝塞尔曲线上对应任意参数t的位置坐标。作图算法虽然简单直观，但在实现计算的过程中需要分配内存，用于保存中间计算结果，并且算法的复杂度为$O(n^2)$。下面的算法实现同样的功能，但没有分配临时内

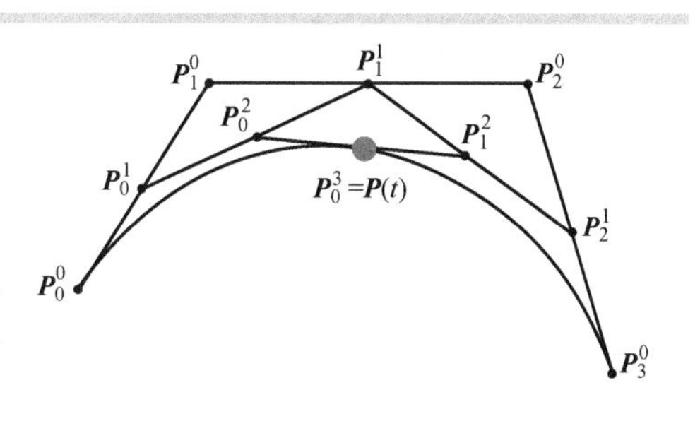

图4.12　贝塞尔曲线计算的几何作图

存，且算法的复杂度为 $O(n)$。

程序示例 4.2　计算贝塞尔曲线上一点

```
//计算平面上 n 次贝塞尔曲线上对应参数 t 的位置坐标
//输入:n 为曲线的次数,ps 为控制点数组,t 为[0,1]内参数
//输出:pos 为曲线上一点的位置坐标数组
// P(t) =SIGMA Bi,n(t)* ps[i]
int bezCurPos(int n,double (* ps)[2],double t,double pos[2])
{
    double a =1. -t,b =n* t;
    pos[0] =a* ps[0][0] +b* ps[1][0];
    pos[1] =a* ps[0][1] +b* ps[1][1];
    for(int i =2; i < =n; i + + )
    {
        b * = (t* (n -i +1)/i);
        pos[0] =a* pos[0] +b* ps[i][0];
        pos[1] =a* pos[1] +b* ps[i][1];
    }

    return 1;
}
```


贝塞尔曲线的性质：

性质 1　**端点**：以 $\boldsymbol{P}_0$ 为起点，以 $\boldsymbol{P}_n$ 为终点。

性质 2　**切向量**：$\boldsymbol{P}'(t) = n\sum_{i=0}^{n-1} B_{i,n-1}(t)(\boldsymbol{P}_{i+1} - \boldsymbol{P}_i)$，且曲线一阶导数在端点处满足 $\boldsymbol{P}'(0) = n(\boldsymbol{P}_1 - \boldsymbol{P}_0)$，$\boldsymbol{P}'(1) = n(\boldsymbol{P}_n - \boldsymbol{P}_{n-1})$。

性质 3　**凸包性**：贝塞尔曲线位于控制点的凸包中。

能否把贝塞尔曲线推广到曲面上呢？答案是肯定的。贝塞尔曲面可以表示成

$$\boldsymbol{S}(u,v) = \sum_{i=0}^{n}\sum_{j=0}^{m} B_{i,n}(u)B_{j,m}(v)\boldsymbol{P}_{ij} \tag{4.38}$$

4.6　插值的应用

插值在数值计算中是一类基础算法，许多数值计算方法与之相关。插值的实际应用也很广泛，例如曲线曲面插值算法在工程中有许多重要应用。

1. 叶片建模

复杂三维曲面模型建模遵循这样一个过程：点→线→面。依据曲线创建曲面是曲面建模的基本原则，所以处理曲线的功能是非常重要的。曲线是否光顺在很大程度上决定了曲面的品质。为了使曲面的品质得到提升，需要对曲面进行插值运算，例如在叶片的建模过程中，

要根据叶片的若干截面测量点数据，通过插值构造截面的轮廓线，如图4.13所示。不同用途的叶片模型数据稍有区别，相关数据包括叶盆、叶背测量点数据，以及前缘、后缘的曲率半径等。

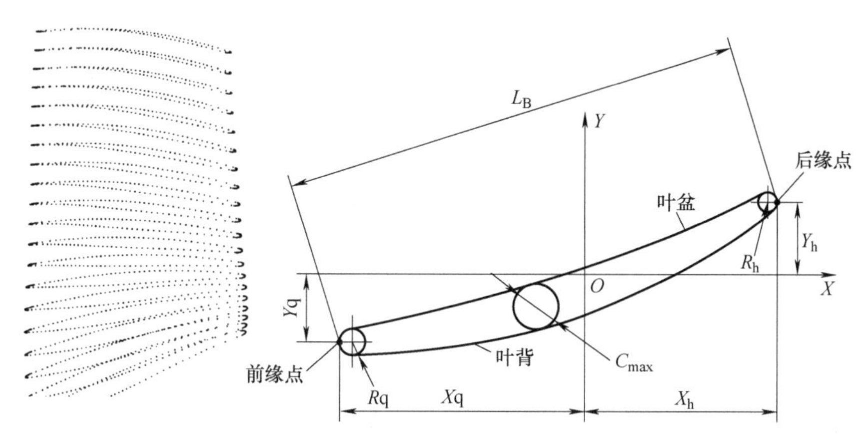

图4.13　叶片截面测量点及截面的关键参数

2. 插补

在数控机床中，刀具不能严格地按照要求加工的曲线运动，只能用折线轨迹逼近所要加工的曲线。插补是指机床数控系统确定刀具运动轨迹的过程，即已知曲线上的某些数据，计算已知点之间的中间点的方法。插补计算就是数控装置根据输入的基本数据，通过计算把工件轮廓的形状描述出来，在计算的同时根据计算结果向伺服系统发出进给脉冲，机床在相应的坐标方向上移动一个脉冲当量的距离，从而将工件加工出所需要的形状。插补可以分为：直线插补、圆弧插补、样条插补。

3. 字体的表示

Windows中TrueType字体的定义就用到了二次贝塞尔曲线（见图4.14），贝塞尔曲线曲面在CAD/CAM中的应用也非常广泛。

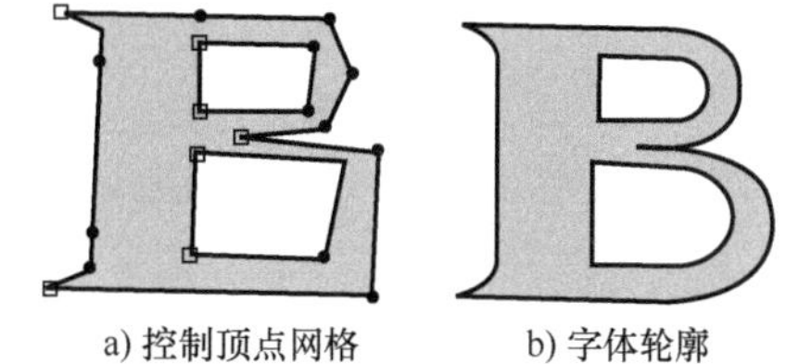

图4.14　TrueType字体的定义

4. 图像插值

在数字图像处理过程中，有时需要提高图像的分辨率，例如将分辨率为1024×768的图像变换为4096×3072，这就需要使用图像插值算法。**双线性插值法**（见图4.15a）是一种简单的图像插值算法，假设相邻的4个像素颜色值为$\boldsymbol{C}_{00}$，$\boldsymbol{C}_{01}$，$\boldsymbol{C}_{10}$，$\boldsymbol{C}_{11}$，4个像素对应的参数坐标为（0，0），（0，1），（1，0），（1，1），那么4个像素内部任一点（u，v）（$0\leqslant u, v\leqslant 1$）颜色值可以插值为

$$\boldsymbol{C}(u,v)=(1-u)(1-v)\boldsymbol{C}_{00}+u(1-v)\boldsymbol{C}_{10}+(1-u)v\boldsymbol{C}_{01}+uv\boldsymbol{C}_{11} \tag{4.39}$$

式（4.39）表示为矩阵的形式为

$$\boldsymbol{C}(u,v)=(1-u,u)\begin{pmatrix}\boldsymbol{C}_{00} & \boldsymbol{C}_{01}\\ \boldsymbol{C}_{10} & \boldsymbol{C}_{11}\end{pmatrix}\begin{pmatrix}1-v\\ v\end{pmatrix} \tag{4.40}$$

双线性插值可以扩展为**双三次插值**（见图4.15b）。取4个插值节点$x_0<x_1<x_2<x_3$为0，1/3，2/3，1，构造拉格朗日插值函数$l_0(x)$，$l_1(x)$，$l_2(x)$，$l_3(x)$，满足$l_i(x_j)=\delta_{ij}$。

假设 16 个相邻的像素颜色值为 $\boldsymbol{C}_{ij}$，$1\leqslant i,\ j\leqslant 4$，4 个角点的像素对应的参数坐标为(0，0)，(0，1)，(1，0)，(1，1)，那么 16 个像素内部任一点（u，v）（$0\leqslant u,\ v\leqslant 1$）的颜色值可以插值为

$$\boldsymbol{C}(u,v) = \sum_{i=0}^{3}\sum_{j=0}^{3} l_i(u) l_j(v) \boldsymbol{C}_{ij} \tag{4.41}$$

式（4.41）表示为矩阵的形式为

$$\boldsymbol{C}(u,v) = (l_0(u), l_1(u), l_2(u), l_3(u)) \begin{pmatrix} \boldsymbol{C}_{00} & \boldsymbol{C}_{01} & \boldsymbol{C}_{02} & \boldsymbol{C}_{03} \\ \boldsymbol{C}_{10} & \boldsymbol{C}_{11} & \boldsymbol{C}_{12} & \boldsymbol{C}_{13} \\ \boldsymbol{C}_{20} & \boldsymbol{C}_{21} & \boldsymbol{C}_{22} & \boldsymbol{C}_{23} \\ \boldsymbol{C}_{30} & \boldsymbol{C}_{31} & \boldsymbol{C}_{32} & \boldsymbol{C}_{33} \end{pmatrix} \begin{pmatrix} l_0(v) \\ l_1(v) \\ l_2(v) \\ l_3(v) \end{pmatrix} \tag{4.42}$$

其中多项式 $l_0(x)$，$l_1(x)$，$l_2(x)$，$l_3(x)$ 的具体表达式为

$$l_0(x) = 1 - \frac{11}{2}x + 9x^2 - \frac{9}{2}x^3$$

$$l_1(x) = 9x - \frac{45}{2}x^2 + \frac{27}{2}x^3$$

$$l_2(x) = -\frac{9}{2}x + 18x^2 - \frac{27}{2}x^3$$

$$l_3(x) = x - \frac{9}{2}x^2 + \frac{9}{2}x^3$$

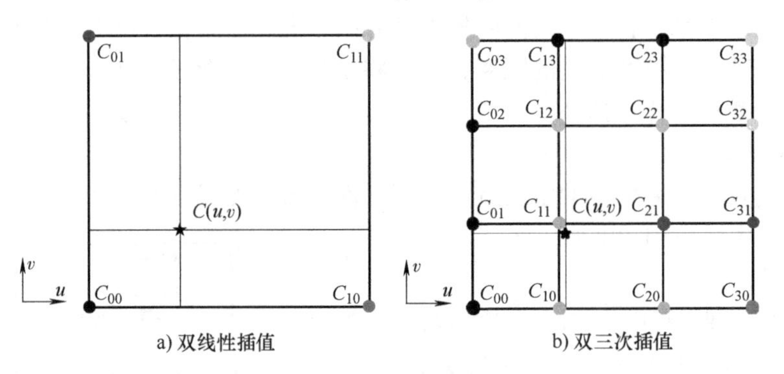

图 4.15　图像插值

4.7　总结

插值作为一种重要的数值计算方法，其实质是构造一个函数 $f(x)$（构造是显式的，即给出 $f(x)$ 的具体表达式），满足给定的插值条件，如 $f(x_i) = y_i$，这里 x，y 也可以是向量。构造插值的一般思路是将 $f(x)$ 表示成基函数与系数乘积之代数和的形式。插值广泛应用于工业领域、金融行业等，插值与机器学习简单看都是做一种“预测”的方法，不同之处是插值是通过显示构造插值函数直接实现的，而机器学习是通过算法对样本的“学习”间接实现的，两种方法各有其适合的应用场合。

练 习 题

1. 设 $\{x_i\}_{i=0}^{n}$ 是 $n+1$ 个互异的节点，$l_j(x)=\prod_{\substack{i=0\\i\neq j}}^{n}\frac{x-x_i}{x_j-x_i}$ 是拉格朗日插值基函数，证明：$\sum_{j=0}^{n}l_j(x)=1$。

2. 用C语言实现 n 次拉格朗日插值多项式 $L(x)$ 的计算，插值函数原型为 int lagPolynomial (int n，double * X，double * Y，double * a)，其中X为插值节点数组：$x_0<x_1<\cdots<x_n$，Y为函数值数组：y_0，y_1，…，y_n。函数返回 n 次插值多项式系数数组 a：$L(x)=a[0]+a[1]x+\cdots+a[n]x^n$。

3. 试构造一个多项式 $f(x)$，使之在0、1处的函数值、一阶导数、二阶导数分别为 $f_{(0)}^{(0)}$，$f_{(0)}^{(1)}$，$f_{(0)}^{(2)}$，$f_{(1)}^{(0)}$，$f_{(1)}^{(1)}$，$f_{(1)}^{(2)}$。

4. 验证下面有理式表示的平面曲线 $\boldsymbol{C}(t)$ $(t\in[0,1])$ 是第一象限内1/4圆弧（见图4.16）：$\boldsymbol{C}(t)=\dfrac{(1-t)^2\boldsymbol{P}_0w_0+2(1-t)t\boldsymbol{P}_1w_1+t^2\boldsymbol{P}_2w_2}{(1-t)^2w_0+2(1-t)tw_1+t^2w_2}$，其中 $\boldsymbol{P}_0=\begin{pmatrix}1\\0\end{pmatrix}$，$\boldsymbol{P}_1=\begin{pmatrix}1\\1\end{pmatrix}$，$\boldsymbol{P}_2=\begin{pmatrix}0\\1\end{pmatrix}$，$w_0=w_2=1$，$w_1=\dfrac{\sqrt{2}}{2}$。

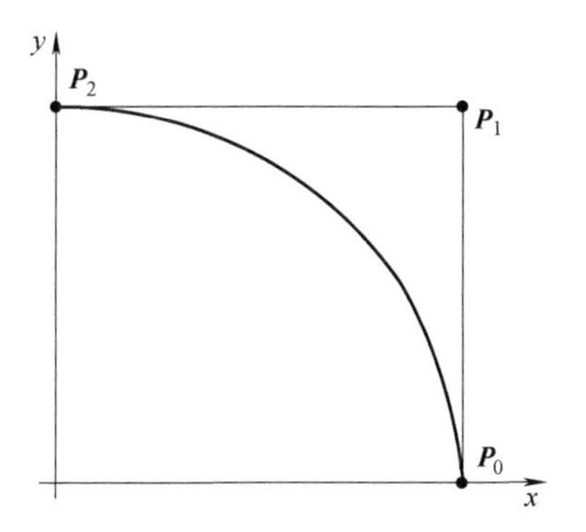

图4.16　控制点 $\boldsymbol{P}_0$，$\boldsymbol{P}_1$，$\boldsymbol{P}_2$ 与1/4圆弧

第5章

逼　　近

用简单的函数近似代替复杂函数，是计算数学中最基本的方法之一。这种近似称为逼近，被逼近的函数与逼近函数之差 $R(x)=f(x)-p(x)$ 称为逼近的余项。构造函数逼近离散的数据点，也称为拟合。

简单函数，如多项式，仅用加、减、乘、除运算即可逼近复杂函数或数据。对于函数 $f(x)$，如果取其泰勒展开公式 $f(x)=f(x_0)+f'(x_0)(x-x_0)+\cdots+\dfrac{f^{(n)}(x_0)}{n!}(x-x_0)^n+\cdots$ 中的前 $n+1$ 项构成多项式，则该 n 次多项式就是逼近 $f(x)$ 的简单函数，其特点是 x 越接近于 x_0，逼近误差就越小。如何在给定精度下求出逼近复杂函数或数据的简单函数，就是函数逼近理论要解决的问题。常用的逼近有一致逼近和平方逼近，插值也可以看作是一种逼近。

本章 5.1 节先介绍针对离散点集线性拟合，再推广到使用多项式及连续函数的拟合，5.2 节给出有关函数内积的基本概念，基于这些概念，在 5.3 节中将针对离散点集的拟合推广到针对连续函数。作为逼近算法的补充，5.4 节介绍切比雪夫多项式。

5.1　最小二乘法

已知函数关系 $y=f(x)$ 的实验观测数据为

x	x_0	x_1	$\cdots$	x_m
$f(x)$	y_0	y_1	$\cdots$	y_m

，其中 $x_0<x_1<\cdots<x_m$，也就是给定离散数据点 $(x_i,\ y_i)$，$i=0,\ 1,\ \cdots,\ m$。如果用直线 $y=ax+b$ 逼近这些数据点（见图 5.1），如何确定 a 和 b？可采用最小二乘法对 a，b 进行求解，所谓**最小二乘法**就是求 a 和 b 使直线逼近数据点的偏差的平方和 $\sum\limits_{i=0}^{m}(ax_i+b-y_i)^2$ 最小。令 $I(a,b)=\sum\limits_{i=0}^{m}(ax_i+b-y_i)^2$，由于多元函数取极值时偏导数为 0，所以 $\dfrac{\partial I}{\partial a}=0$ 和 $\dfrac{\partial I}{\partial b}=0$，进而得到线性方程组

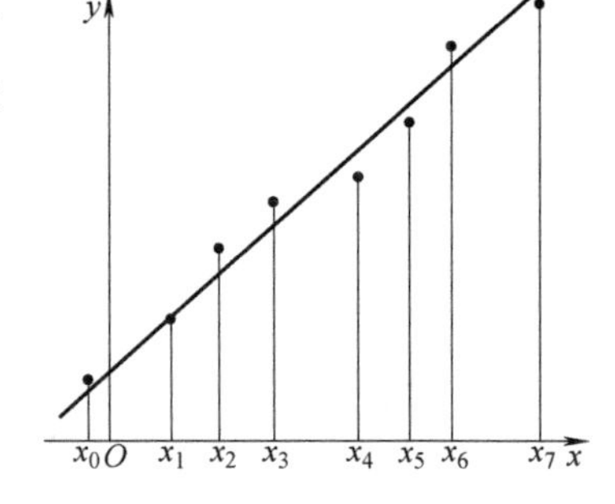

图 5.1　用直线逼近数据点

$$\begin{pmatrix} \sum x_i^2 & \sum x_i \\ \sum x_i & m+1 \end{pmatrix}\begin{pmatrix} a \\ b \end{pmatrix} = \begin{pmatrix} \sum x_i y_i \\ \sum y_i \end{pmatrix} \tag{5.1}$$

基于最小二乘法的策略，我们可以得出另一种逼近方法：假设要用次数不超过 $n(n \leqslant m)$ 的多项式 $P(x) = \sum_{i=0}^{n} a_i x^i$ 逼近数据点集，使 $I = \sum_{i=0}^{m} [P(x_i) - y_i]^2$ 最小，这种逼近称为**多项式逼近**。由于 $I = \sum_{i=0}^{m} (\sum_{j=0}^{n} a_j x_i^j - y_i)^2$ 为 a_j 的多元函数，所以此问题等价于求 I 的极值问题。由多元函数求极值的必要条件为 $\frac{\partial I}{\partial a_j} = 0$ 得

$$\begin{pmatrix} m+1 & \sum_{i=0}^{m} x_i & \cdots & \sum_{i=0}^{m} x_i^n \\ \sum_{i=0}^{m} x_i & \sum_{i=0}^{m} x_i^2 & \cdots & \sum_{i=0}^{m} x_i^{n+1} \\ \vdots & \vdots & & \vdots \\ \sum_{i=0}^{m} x_i^n & \sum_{i=0}^{m} x_i^{n+1} & \cdots & \sum_{i=0}^{m} x_i^{2n} \end{pmatrix}\begin{pmatrix} a_0 \\ a_1 \\ \vdots \\ a_n \end{pmatrix}\begin{pmatrix} \sum_{i=0}^{m} y_i \\ \sum_{i=0}^{m} x_i y_i \\ \vdots \\ \sum_{i=0}^{m} x_i^n y_i \end{pmatrix} \tag{5.2}$$

上述线性方程组系数矩阵等于一个对称正定矩阵 $\boldsymbol{A}^{\mathrm{T}}\boldsymbol{A}$，从而存在唯一解，其中

$$\boldsymbol{A} = \begin{pmatrix} 1 & x_0 & \cdots & x_0^n \\ 1 & x_1 & \cdots & x_1^n \\ \vdots & \vdots & & \vdots \\ 1 & x_m & \cdots & x_m^n \end{pmatrix} \tag{5.3}$$

在上述拟合算法中，如果不使用多项式，而是使用 $[a, b]$ 上的连续函数，就是对最小二乘法的一种推广。令 $\varphi_i(x)$ 是 $[a, b]$ 上的连续函数，$i=0, 1, \cdots, n$，由 $\varphi_j(x)$ 通过线性组合得到函数 $\varphi(x)$，即 $\varphi(x) = \sum_{j=0}^{n} a_j \varphi_j(x)$，$a_j \in \mathbf{R}$，所有这样的 $\varphi(x)$ 组成的函数集合记为 Ω，Ω 是一个线性空间，通常用符号 $\Omega = \mathrm{Span}\{\varphi_0(x), \varphi_1(x), \cdots, \varphi_n(x)\}$ 表示，称 Ω 为由 $\varphi_0(x)$，$\varphi_1(x)$，$\cdots$，$\varphi_n(x)$ 张成的线性空间。基于 Ω 的最小二乘逼近问题就是：在函数集合 Ω 中求函数 $\varphi(x) = \sum_{j=0}^{n} a_j \varphi_j(x)$，使 $\sum_{i=0}^{m} \omega_i [y_i - \varphi(x_i)]^2$ 达到最小，其中 $\omega_i > 0$ 为权因子。问题：在 Ω 中这样的最佳逼近是否唯一存在？为叙述方便引进下述定义。

定义 5.1　已知点集 $\{x_0, x_1, \cdots, x_m\}$ 和权因子 $\omega_i > 0$ $(i=0, 1, \cdots, m)$，$f(x)$ 和 $g(x)$ 关于此点集和权因子的**内积**定义为 $(f, g) = \sum_{i=0}^{m} \omega_i f(x_i) g(x_i)$。

下面讨论最小二乘问题的求解方法。已知 x_i，y_i，$\varphi_i(x)$，其定义同前，要找到这样的线性组合 $\varphi(x) = \sum_{j=0}^{n} a_j \varphi_j(x)$，使 $\sum_{i=0}^{m} \omega_i [y_i - \varphi(x_i)]^2$ 取最小值。为利用内积定义简化下面的

推导过程，仅作为记号引入函数 $f(x)$，满足 $f(x_i)=y_i$。令 $I(a_0,a_1,\cdots,a_n)=\sum_{i=0}^{m}\omega_i[y_i-\varphi(x_i)]^2$，由于 $I(a_0,a_1,\cdots,a_n)$ 是关于 a_0，a_1，…，a_n 的二次函数，所以利用多元函数取极值的必要条件 $\frac{\partial I}{\partial a_k}=0$，可得推出

$$\frac{\partial I}{\partial a_k}=\sum_i 2\omega_i[y_i-\varphi(x_i)]\varphi_k(x_i)=0 \tag{5.4}$$

$$\sum_i \omega_i[y_i-\varphi(x_i)]\varphi_k(x_i)=0 \tag{5.5}$$

$$\sum_i \omega_i y_i\varphi_k(x_i)=\sum_i \omega_i\varphi(x_i)\varphi_k(x_i) \tag{5.6}$$

将式（5.6）代入到内积的定义中得到

$$\begin{aligned}(f,\varphi_k)&=\sum_i \omega_i f(x_i)\varphi_k(x_i)\\&=\sum_i \omega_i y_i\varphi_k(x_i)\\&=\sum_i \omega_i\varphi(x_i)\varphi_k(x_i)\\&=\sum_i \omega_i\left[\sum_j a_j\varphi_j(x_i)\right]\varphi_k(x_i)\\&=\sum_j a_j\sum_i \omega_i\varphi_j(x_i)\varphi_k(x_i)\\&=\sum_j a_j(\varphi_j,\varphi_k)\end{aligned} \tag{5.7}$$

注意式（5.7）对于 $k=0$，1，…，n 均成立，这 $n+1$ 个等式构成下面的方程组：

$$\begin{pmatrix}(\varphi_0,\varphi_0) & (\varphi_0,\varphi_1) & \cdots & (\varphi_0,\varphi_n)\\(\varphi_1,\varphi_0) & (\varphi_1,\varphi_1) & \cdots & (\varphi_1,\varphi_n)\\\vdots & \vdots & & \vdots\\(\varphi_n,\varphi_0) & (\varphi_n,\varphi_1) & \cdots & (\varphi_n,\varphi_n)\end{pmatrix}\begin{pmatrix}a_0\\a_1\\\vdots\\a_n\end{pmatrix}=\begin{pmatrix}(f,\varphi_0)\\(f,\varphi_1)\\\vdots\\(f,\varphi_n)\end{pmatrix} \tag{5.8}$$

此线性方程组叫作**法方程**，记其系数行列式为 C_n。若 $C_n\neq 0$，则方程组（5.8）存在唯一解，也就是其对应的最小二乘问题有唯一解。

5.2 函数内积

上一节介绍了用直线或多项式拟合离散数据点的最小二乘方法，并推广到用一般连续函数的线性组合实现离散点集上的最小二乘拟合。本节介绍几个基本定义：权函数、内积、正交以及正交函数系等。在下一节中，将基于这些基本概念，将最小二乘方法推广到在**区间内用连续函数的线性组合逼近连续函数**，如图 5.2 所示。首先将权因子推广为权函数，其次将定义于点集上的内积推广为定义在区间上的

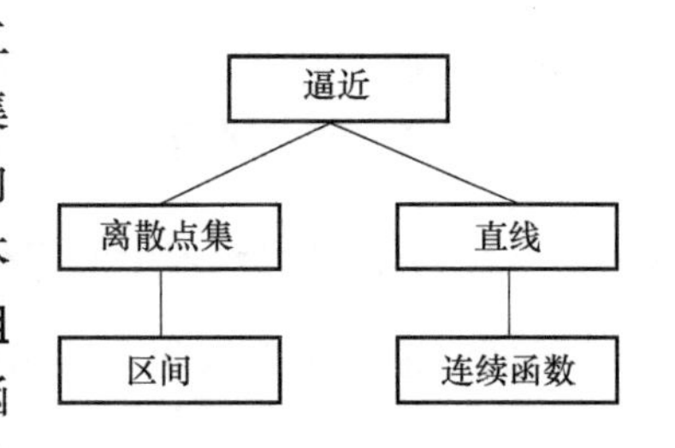

图 5.2　逼近的推广

内积。

定义 5.2 设$\rho(x)$定义在有限或无限区间$[a,b]$上，若具有下列性质：

性质1 $\rho(x)\geqslant 0$，对任意$x\in[a,b]$；

性质2 积分$\int_a^b |x|^n\rho(x)\mathrm{d}x$存在，$n$为非负整数；

性质3 对非负连续函数$g(x)$，若$\int_a^b g(x)\rho(x)\mathrm{d}x=0$，则在$(a,b)$上$g(x)\equiv 0$，则称$\rho(x)$为$[a,b]$上的**权函数**。

常用权函数有$\rho(x)=\dfrac{1}{\sqrt{1-x^2}}$，$\rho(x)=\mathrm{e}^{-x^2}$和$\rho(x)=1$等。

定义 5.3 设$f(x)$，$g(x)\in C[a,b]$，$\rho(x)$是$[a,b]$上的权函数，则称$(f,g)=\int_a^b\rho(x)f(x)g(x)\mathrm{d}x$为$f(x)$与$g(x)$在$[a,b]$上以$\rho(x)$为权函数的**内积**。

内积有如下性质：

性质1 $(f,f)\geqslant 0$，且$(f,f)=0\Leftrightarrow f=0$；

性质2 $(f,g)=(g,f)$；

性质3 $(f_1+f_2,g)=(f_1,g)+(f_2,g)$；

性质4 对任意实数k，$(kf,g)=k(f,g)$。

定义 5.4 设$f(x)$，$g(x)\in C[a,b]$，若$(f,g)=\int_a^b\rho(x)f(x)g(x)\mathrm{d}x=0$，则称$f(x)$与$g(x)$在$[a,b]$上带权$\rho(x)$**正交**。

定义 5.5 设在$[a,b]$上给定函数系$\{\varphi_0(x),\varphi_1(x),\cdots,\varphi_n(x),\cdots\}$，若满足条件$(\varphi_i(x),\varphi_j(x))=\begin{cases}0, & i\neq j\\ A_i>0, & i=j,\ A_i\text{是常数}\end{cases}$，则称$\{\varphi_k(x)\}$是$[a,b]$上带权$\rho(x)$的**正交函数系**。当$A_i\equiv 1$时称该函数系为**标准正交函数系**。

【例5.1】 验证多项式1，x，$x^2-\dfrac{1}{3}$在$[-1,1]$上带权$\rho(x)=1$两两正交。

解：容易验证

$$\int_{-1}^1 1\cdot x\mathrm{d}x=0$$

$$\int_{-1}^1 1\cdot\left(x^2-\frac{1}{3}\right)\mathrm{d}x=0$$

$$\int_{-1}^1 x\cdot\left(x^2-\frac{1}{3}\right)\mathrm{d}x=\int_{-1}^1\left(x^3-\frac{1}{3}x\right)\mathrm{d}x=0$$

$$\int_{-1}^1 1^2\mathrm{d}x>0$$

$$\int_{-1}^1 x^2\mathrm{d}x>0$$

$$\int_{-1}^1\left(x^2-\frac{1}{3}\right)^2\mathrm{d}x>0$$

所以结论成立。

【例 5.2】 验证$\frac{1}{\sqrt{2\pi}}$, $\frac{\cos x}{\sqrt{\pi}}$, $\frac{\sin x}{\sqrt{\pi}}$, …, $\frac{\cos nx}{\sqrt{\pi}}$, $\frac{\sin nx}{\sqrt{\pi}}$在 $[-\pi, \pi]$ 上是正交的，且函数自乘之积在 $[-\pi, \pi]$ 上的积分是1，如图 5.3 所示。

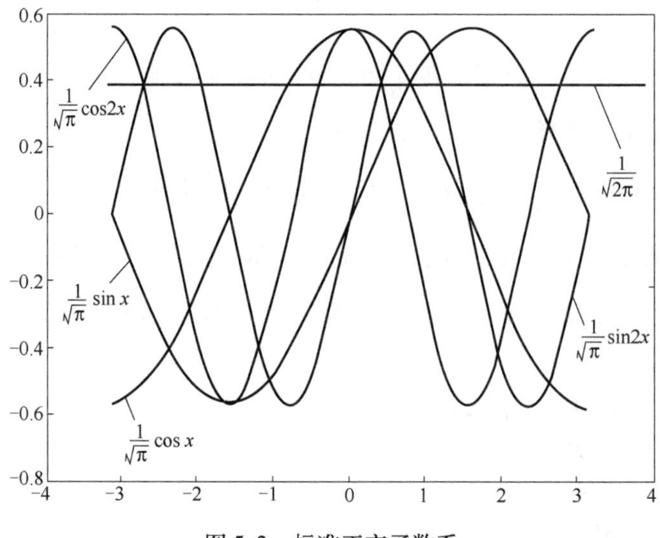

图 5.3 标准正交函数系

解：略。

5.3 最佳平方逼近

本节首先介绍函数线性相关、线性无关的概念及函数线性无关的充分必要条件，再介绍最佳平方逼近及其求解方法。

定义 5.6 设 $\varphi_i(x)$ 在$[a, b]$上连续，如果 $a_0\varphi_0(x)+a_1\varphi_1(x)+\cdots+a_n\varphi_n(x)\equiv 0$ 当且仅当 $a_0=a_1=\cdots=a_n=0$，则称 $\varphi_i(x)$ 在$[a, b]$上是**线性无关**的，否则称**线性相关**。如果函数系 $\{\varphi_k(x)\}$ 中的任意有限个函数线性无关，则称函数系 $\{\varphi_k(x)\}$ 为**线性无关函数系**，例如 $\{1, x, x^2, \cdots, x^n, \cdots\}$ 就是在$[a, b]$上线性无关的函数系。

设 $\varphi_i(x)$ 在 $[a, b]$ 上线性无关，a_0, a_1, …, a_n 是任意实数，则 $\varphi(x)=a_0\varphi_0(x)+a_1\varphi_1(x)+\cdots+a_n\varphi_n(x)$的全体是$[a, b]$上连续函数集的子集，记为 $\Omega=\mathrm{Span}\{\varphi_0,\varphi_1,\cdots,\varphi_n\}$，并称 $\varphi_i(x)$ 为**基底**。例如，$P_n=\mathrm{Span}\{1,x,x^2,\cdots,x^n\}$表示由基底 1, x, x^2, …, x^n 生成的多项式集合。

定理 5.1 连续函数 $\varphi_0(x)$, $\varphi_1(x)$, …, $\varphi_n(x)$ 在 $[a, b]$ 上线性无关的充分必要条件是克莱姆行列式 $C_n\neq 0$，其中

$$C_n=\begin{vmatrix}(\varphi_0,\varphi_0) & (\varphi_0,\varphi_1) & \cdots & (\varphi_0,\varphi_n)\\(\varphi_1,\varphi_0) & (\varphi_1,\varphi_1) & \cdots & (\varphi_1,\varphi_n)\\ \vdots & \vdots & & \vdots\\(\varphi_n,\varphi_0) & (\varphi_n,\varphi_1) & \cdots & (\varphi_n,\varphi_n)\end{vmatrix} \tag{5.9}$$

该定理等价于 $\varphi_0(x)$，$\varphi_1(x)$，…，$\varphi_n(x)$ 在 $[a, b]$ 上线性相关的充分必要条件是 $C_n=0$。以下是对这个结论的证明：

1）必要性。假设 $\varphi_0(x)$，$\varphi_1(x)$，…，$\varphi_n(x)$ 线性相关，则存在 a_0，a_1，…，a_n 不全为0，使 $a_0\varphi_0(x)+a_1\varphi_1(x)+\cdots+a_n\varphi_n(x)\equiv 0$，此式与所有 $\varphi_k(x)$（$k=0$，1，…，n）分别做内积，得

$$\begin{pmatrix}(\varphi_0,\varphi_0) & (\varphi_0,\varphi_1) & \cdots & (\varphi_0,\varphi_n)\\(\varphi_1,\varphi_0) & (\varphi_1,\varphi_1) & \cdots & (\varphi_1,\varphi_n)\\\vdots & \vdots & & \vdots\\(\varphi_n,\varphi_0) & (\varphi_n,\varphi_1) & \cdots & (\varphi_n,\varphi_n)\end{pmatrix}\begin{pmatrix}a_0\\a_1\\\vdots\\a_n\end{pmatrix}=\begin{pmatrix}0\\0\\\vdots\\0\end{pmatrix} \tag{5.10}$$

上面齐次线性方程组有非零解，所以 $C_n=0$。

2）充分性。假设 $C_n=0$，则上面齐次线性方程组有非零解 a_0，a_1，…，a_n，则对于任何 k，$k=0$，1，…，n，有

$$0=\sum_{i=0}^{n}a_i(\varphi_k,\varphi_i)=\sum_{i=0}^{n}(\varphi_k,a_i\varphi_i)=(\varphi_k,\sum_{i=0}^{n}a_i\varphi_i) \tag{5.11}$$

所以 $(a_k\varphi_k,\sum_{i=0}^{n}a_i\varphi_i)=0$，进而求和得 $\sum_{k=0}^{n}(a_k\varphi_k,\sum_{i=0}^{n}a_i\varphi_i)=0$，即

$$(\sum_{k=0}^{n}a_k\varphi_k,\sum_{i=0}^{n}a_i\varphi_i)=0 \tag{5.12}$$

根据权函数的性质3推出 $\sum_{i=0}^{n}a_i\varphi_i\equiv 0$，故 $\varphi_0(x)$，$\varphi_1(x)$，…，$\varphi_n(x)$ 线性相关。这就证明了与本节定理等价的定理。

下面介绍最佳平方逼近及其求解方法。

定义5.7 假设 $\Omega=\mathrm{Span}\{\varphi_0,\varphi_1,\cdots,\varphi_n\}$ 是 $n+1$ 个连续函数张成的函数集，$\rho(x)$ 是区间 $[a, b]$ 上的权函数，给定连续函数 $f(x)\in C[a,b]$。如果 $f(x)$ 满足：$\int_a^b\rho(x)[f(x)-\varphi(x)]^2\mathrm{d}x=\min\limits_{\varphi(x)\in\Omega}\int_a^b\rho(x)[f(x)-\varphi(x)]^2\mathrm{d}x$，则称 $\varphi(x)$ 是 $f(x)$ 在函数集 Ω 中的**最佳平方逼近**。

求解 $\varphi(x)=\sum_{j=0}^{n}a_j^*\varphi_j(x)$ 的问题可归结为求系数 a_0^*，a_1^*，…，a_n^*，使

$$I(a_0,a_1,\cdots,a_n)=\int_a^b\rho(x)[f(x)-\sum_{j=0}^{n}a_j\varphi_j(x)]^2\mathrm{d}x \tag{5.13}$$

取得极小值。

由于 $I(a_0, a_1, \cdots, a_n)$ 是关于 a_0，a_1，…，a_n 的二次函数，利用多元函数取得极值的必要条件 $\frac{\partial I}{\partial a_k}=0$，写成矩阵形式为

$$\begin{pmatrix}(\varphi_0,\varphi_0) & (\varphi_0,\varphi_1) & \cdots & (\varphi_0,\varphi_n)\\(\varphi_1,\varphi_0) & (\varphi_1,\varphi_1) & \cdots & (\varphi_1,\varphi_n)\\\vdots & \vdots & & \vdots\\(\varphi_n,\varphi_0) & (\varphi_n,\varphi_1) & \cdots & (\varphi_n,\varphi_n)\end{pmatrix}\begin{pmatrix}a_0\\a_1\\\vdots\\a_n\end{pmatrix}=\begin{pmatrix}(f,\varphi_0)\\(f,\varphi_1)\\\vdots\\(f,\varphi_n)\end{pmatrix} \tag{5.14}$$

此方程叫作**法方程**，其系数行列式就是 C_n。由于 $\varphi_0(x)$，$\varphi_1(x)$，…，$\varphi_n(x)$ 线性无关，故 $C_n \neq 0$，上述方程组存在唯一解。

【例 5.3】 $f(x)=x^4$，$x \in [-1,1]$，求不超过二次的多项式，使 $\int_{-1}^{1}[f(x)-P(x)]^2 dx$ 最小。

解： 设 $P(x)=a+bx+cx^2$，即取 $\varphi_0(x)=1$，$\varphi_1(x)=x$，$\varphi_2(x)=x^2$，$\rho(x)=1$。由法方程

$$\begin{cases}(\varphi_0,\varphi_0)a+(\varphi_0,\varphi_1)b+(\varphi_0,\varphi_2)c=(\varphi_0,f)\\(\varphi_1,\varphi_0)a+(\varphi_1,\varphi_1)b+(\varphi_1,\varphi_2)c=(\varphi_1,f)\\(\varphi_2,\varphi_0)a+(\varphi_2,\varphi_1)b+(\varphi_2,\varphi_2)c=(\varphi_2,f)\end{cases}$$

得

$$\begin{cases}2a+\dfrac{2}{3}c=\dfrac{2}{5}\\\dfrac{2}{3}b=0\\\dfrac{2}{3}a+\dfrac{2}{5}c=\dfrac{2}{7}\end{cases}$$

解此线性方程组得 $b=0$，$a=-\dfrac{3}{35}$，$c=\dfrac{6}{7}$，所以 $P(x)=-\dfrac{3}{35}+\dfrac{6}{7}x^2$，偏差 $\int_{-1}^{1}(x^4-P(x))^2 dx=0.012$。

5.4 切比雪夫多项式

切比雪夫多项式具有很多重要性质，是函数逼近的有效工具。

定义 5.8 用递推关系给出**切比雪夫**（Chebyshev）**多项式** $T_n(x)$ 的定义如下：$T_0(x)=1$，$T_1(x)=x$，$T_{n+1}(x)=2xT_n(x)-T_{n-1}(x)$，$n=1,2,\cdots$。

切比雪夫多项式前几项为（参考图 5.4 和图 5.5）

1）$T_0(x)=1$

2）$T_1(x)=x$

3）$T_2(x)=2x\cdot x-1=2x^2-1$

4）$T_3(x)=2x(2x^2-1)-x=4x^3-3x$

5）$T_4(x)=2x(4x^3-3x)-(2x^2-1)=8x^4-8x^2+1$

6）$T_5(x)=2x(8x^4-8x^2+1)-(4x^3-3x)=16x^5-20x^3+5x$

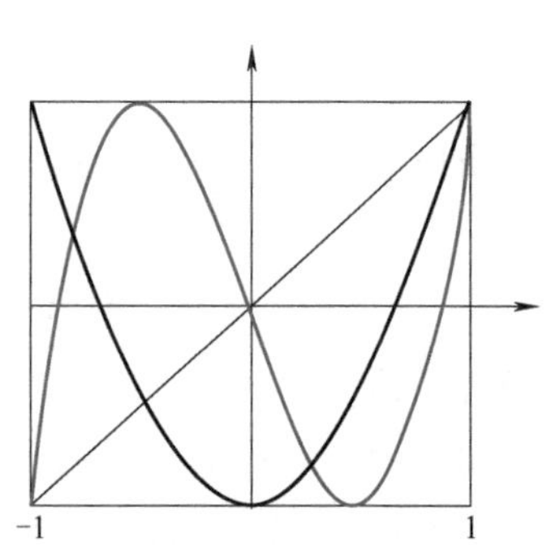

图 5.4 切比雪夫多项式的前 4 个多项式

用归纳法可证明：$T_n(\cos\theta)=\cos(n\theta)$，假设对于小于等于 n 的情况此式成立，则对 $n+1$ 的情况是

$$\begin{aligned}T_{n+1}(\cos\theta)&=2\cos\theta\cos(n\theta)-\cos[(n-1)\theta]\\&=2\cos\theta\cos(n\theta)-[\cos(n\theta)\cos\theta+\sin(n\theta)\sin\theta]\\&=\cos\theta\cos(n\theta)-\sin\theta\sin(n\theta)\\&=\cos[(n+1)\theta]\end{aligned}\tag{5.15}$$

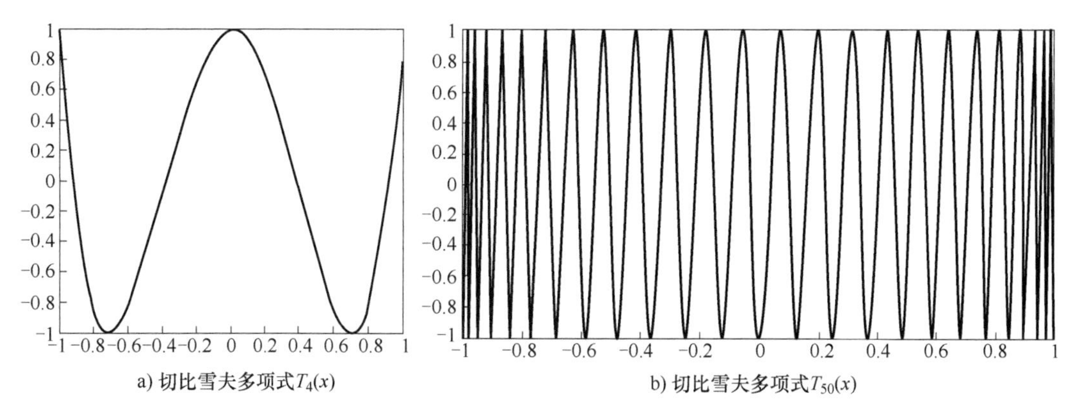

a) 切比雪夫多项式$T_4(x)$
b) 切比雪夫多项式$T_{50}(x)$

图 5.5 切比雪夫多项式

利用此关系（令 $x=\cos\theta$）可以证明切比雪夫多项式的正交性：

$$\int_{-1}^{1}\frac{T_m(x)T_n(x)}{\sqrt{1-x^2}}\mathrm{d}x=\int_0^{\pi}\cos m\theta\cos n\theta\mathrm{d}\theta=\begin{cases}0, & n\neq m\\ \pi, & n=m=0\\ \dfrac{\pi}{2}, & n=m>0\end{cases}\tag{5.16}$$

切比雪夫多项式具有以下性质：

1）**正交性**：$\{T_n(x)\}$ 在 $[-1,1]$ 上是带权 $\rho(x)=\dfrac{1}{\sqrt{1-x^2}}$的正交多项式序列。

2）**奇偶性**：当 n 为奇数时 $T_n(x)$ 为奇函数；当 n 为偶数时 $T_n(x)$ 为偶函数。

3）**零点**：$T_n(x)$ 在 $[-1,1]$ 上有 n 个零点 $x_k=\cos\dfrac{(2k-1)\pi}{2n}$，$k=1,2,\cdots,n$。

4）**极值点**：$T_n(x)$ 在 $[-1,1]$ 上有 $n+1$ 个极值点 $x_k'=\cos\dfrac{k\pi}{n}$，$k=0,1,2,\cdots,n$，轮流取 1 和 -1。

定理 5.2 在区间 $[-1,1]$ 上所有首项（最高次项）系数为 1 的 n 次多项式中，与 0 的偏差最小的多项式为$\dfrac{T_n(x)}{2^{n-1}}$。

证明：假设有一个首项系数为 1 的 n 次多项式 $P(x)$ 与 0 的偏差比$\dfrac{T_n(x)}{2^{n-1}}$还小，则考虑 $Q(x)=P(x)-\dfrac{T_n(x)}{2^{n-1}}$（参考图 5.6），注意 $Q(x)$ 次数小于 n，由于$\dfrac{T_n(x)}{2^{n-1}}$在 $[-1,1]$ 上有 $n+1$ 个极值点，则 $Q(x)$ 在 $[-1,1]$ 上有 n 个不同零点，于是 $Q(x)$ 恒等于 0，所以 $P(x)=\dfrac{T_n(x)}{2^{n-1}}$。

要使拉格朗日插值多项式 $L(x)$ 尽量逼近函数 $f(x)$，则余项 $R(x)$ 就要尽量小。在 $R(x)$ 中 $f(x)$ 是固定的，而 ξ 又是未知数（见 4.2 节），所以要减小余项，有一条途径是恰当选择节点集，使得在插值区间内余项的最大值为极小值。只在区间 $[-1,1]$ 上讨论切比雪夫插值法：当取切比雪夫多项式零点 $x_k=\cos\left(\dfrac{2k+1}{2n+2}\pi\right)$，$k=0,1,2,\cdots,n$ 为插值点时，

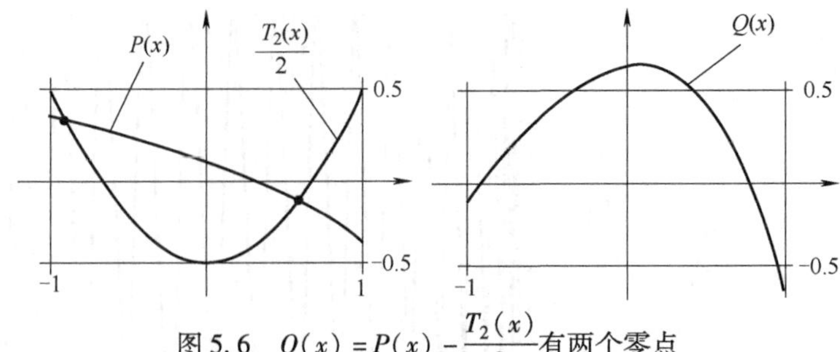

图 5.6　$Q(x)=P(x)-\frac{T_2(x)}{2}$有两个零点

$$\omega_{n+1}(x) = (x-x_0)(x-x_1)\cdots(x-x_n) = \prod_{i=0}^{n}(x-x_i) = 2^{-n}T_{n+1}(x) \tag{5.17}$$

则有

$$|R(x)| \leqslant \frac{\max|f^{(n+1)}(x)|}{2^n(n+1)!} \tag{5.18}$$

下面举例说明拉格朗日插值节点的优化选取。

【例 5.4】 用 4 次多项式在 $[-1,1]$ 上实现 $f(x)=\mathrm{e}^x$ 的拉格朗日插值。

解法 1： 按均布方式选择插值节点数组 $[x_0, x_1, x_2, x_3, x_4]$ 为 $\left[-1, -\frac{1}{2}, 0, \frac{1}{2}, 1\right]$，对应的 $f(x)$ 函数值数组 $[y_0, y_1, y_2, y_3, y_4]$ 为 [0.3679，0.6065，1，1.6487，2.7183]，构造 4 次拉格朗日插值多项式为 $L(x) = \sum_{i=0}^{4} l_i(x)y_i$；

解法 2： 用切比雪夫多项式 $T_5(x)$ 的零点集构造插值节点数组 $[\tilde{x}_0, \tilde{x}_1, \tilde{x}_2, \tilde{x}_3, \tilde{x}_4]$，其具体数值为 [−0.9511，−0.5878，0，0.9511，0.5878]，对应的 $f(x)$ 函数值数组 $[\tilde{y}_0, \tilde{y}_1, \tilde{y}_2, \tilde{y}_3, \tilde{y}_4]$ 为 [0.3863，0.5556，1，2.5884，1.8]，构造 4 次拉格朗日插值多项式为 $L(x) = \sum_{i=0}^{4} \tilde{l}_i(x)\tilde{y}_i$。两种方法的误差对比见表 5.1 和图 5.7。

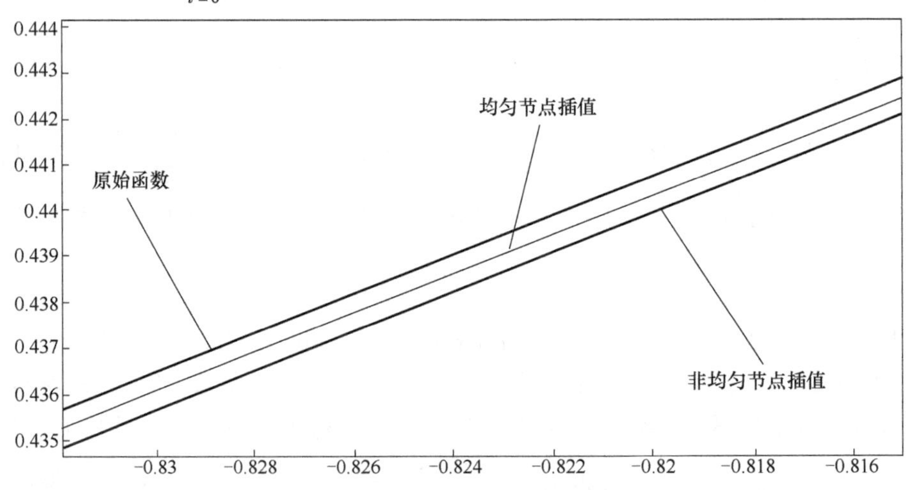

图 5.7　两种 4 次拉格朗日插值误差对比

表5.1　在9个节点上的误差对比

x	-1	-0.8	-0.5	-0.2	0	0.2	0.5	0.8	1	最大误差
$(L(x)-e^x)\times10^4$	0	-8	0	3	0	-4	0	11	0	11
$(\tilde{L}(x)-e^x)\times10^4$	5	-5	2	4	0	-5	-3	6	-6	6

下面给出一个用切比雪夫多项式实现逼近的算法。

【例5.5】 以切比雪夫多项式 $\{T_0(x), T_1(x), T_2(x), T_3(x), T_4(x), T_5(x)\}$ 为基函数，在区间 $[-1, 1]$ 上实现 $f(x)=e^x$ 的最佳平方逼近，如图5.8所示。

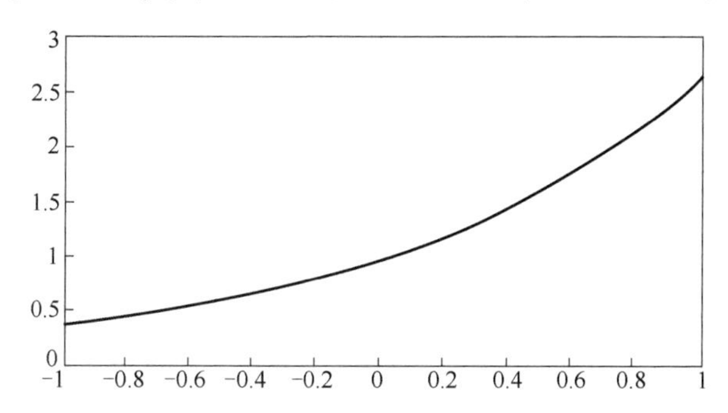

图5.8　用5次切比雪夫多项式最佳平方逼近 $f(x)=e^x$

解：令所求多项式为 $C(x)=\sum_{i=0}^{5}a_iT_i(x)$，由于切比雪夫多项式是正交的，所以根据5.3节，相关的最佳平方逼近的法方程为

$$\begin{pmatrix}(T_0,T_0) & & & \\ & (T_1,T_1) & & \\ & & \ddots & \\ & & & (T_5,T_5)\end{pmatrix}\begin{pmatrix}a_0\\a_1\\\vdots\\a_5\end{pmatrix}=\begin{pmatrix}(f,T_0)\\(f,T_1)\\\vdots\\(f,T_5)\end{pmatrix}$$

直接求解

$$\begin{aligned}a_i &= (f,T_i)/(T_i,T_i)\\ &= \int_{-1}^{1}\frac{f(x)T_i(x)}{\sqrt{1-x^2}}dx\Big/\int_{-1}^{1}\frac{T_i(x)T_i(x)}{\sqrt{1-x^2}}dx\end{aligned}$$

在MATLAB中定义如下函数并计算 a_i：

程序示例5.1　用MATLAB程序计算切比雪夫多项式系数

```
function f = f0 (x)
    f = exp (x). * ((1 - x. * x). ^ ( -1/2));
end
function f = f1 (x)
    f = exp (x). * ((1 - x. * x). ^ ( -1/2)). * x;
end
```

```
function f=f2(x)
    f=exp(x).*((1-x.*x).^(-1/2)).*(2.*x.^2-1);
end
function f=f3(x)
    f=exp(x).*((1-x.*x).^(-1/2)).*(4.*x.^3-3.*x);
end
function f=f4(x)
    f=exp(x).*((1-x.*x).^(-1/2)).*(8.*x.^4-8.*x.^2+1);
end
function f=f5(x)
    f=exp(x).*((1-x.*x).^(-1/2)).*(16.*x.^5-20.*x.^3+5.*x);
end
a0=quad(@f0,-1,1)/pi;
a1=quad(@f1,-1,1)/pi*2;
a2=quad(@f2,-1,1)/pi*2;
a3=quad(@f3,-1,1)/pi*2;
a4=quad(@f4,-1,1)/pi*2;
a5=quad(@f5,-1,1)/pi*2;
```

利用 MATLAB 得到 a_i数组为

$$[1.26607,\ 1.13032,\ 0.271509,\ 0.0443403,\ 0.00548796,\ 5.46307e-004]$$

可以验证 $C(x)=\sum_{i=0}^{5}a_iT_i(x)$ 逼近 $f(x)=e^x$ 的误差约为 6×10^{-5}。

5.5 总结

逼近（拟合）是一类重要的数值计算方法。以测量软件为例，其相当于一台精密测量设备的大脑，实现测量软件的主要算法就是各种逼近算法，如平面、圆柱面、圆锥面等的拟合算法。构建一款测量软件基本等价于实现各种拟合算法。拟合算法通常是基于最小二乘的思路，其原因主要是相关计算简单、稳定。一些应用问题，既可以用插值算法解决，也可以用逼近思路处理。比如要构造一条通过若干给定型值点的曲线，直接用插值算法生成的曲线精度高，但光顺性较差，而用拟合方法生成的曲线光顺性好，但与型值点有一定的误差。

练 习 题

1. 什么是函数内积、正交及标准正交函数系？
2. 叙述函数线性相关、线性无关的概念及判断准则。
3. 给出函数 $f(x)$ 最佳平方逼近的定义。
4. 已知 $f(x)=x^3$，$x\in[-1,1]$，求不超过二次的多项式 $P(x)$，使 $\int_{-1}^{1}[f(x)-$

$P(x)]^2\mathrm{d}x$ 最小。

5. 给定平面上 n 个点 P_i，其坐标为 (x_i, y_i)，$i=0, 1, \cdots, n-1$，用直线 $x\cos\theta + y\sin\theta = r$ 的法方程形式拟合 P_i，θ，r 含义如图 5.9 所示，使 P_i 到直线的距离的平方和最小，即 $\sum h_i^2$ 达到最小。

(1) 推导出完整的拟合算法，即如何根据 P_i 计算出 θ，r；

(2) 与用直线 $y=ax+b$ 拟合 P_i、使 $I(a,b) = \sum\limits_{i=0}^{m}(ax_i + b - y_i)^2$ 达到最小的方法相比，两种方法在拟合效果上有何不同？

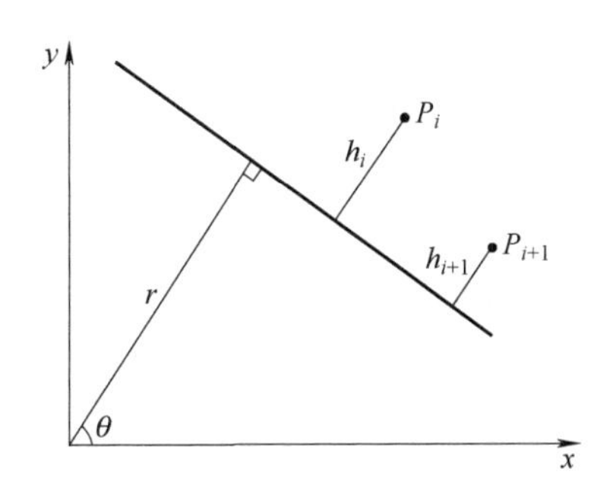

图 5.9　用直线的法方程表示拟合点

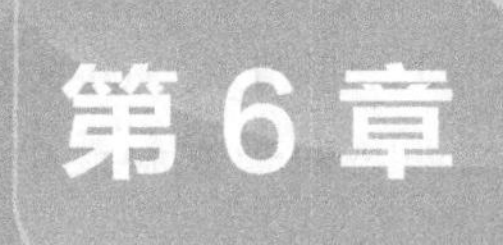

数值积分

如果函数$f(x)$在$[a, b]$区间上连续，且原函数为$F(x)$，则可用牛顿-莱布尼兹公式：$\int_a^b f(x)\mathrm{d}x = F(b) - F(a)$计算定积分。然而，很多函数无法用牛顿-莱布尼兹公式求定积分。

一个简单被积函数，例如$\sqrt{a+bx+cx^2}$，其不定积分$\int\sqrt{a+bx+cx^2}\mathrm{d}x$可能很复杂，见下面的 MATLAB 实例：

```
>> syms a b c x
>> int(sqrt(a+b* x+c* x* x),x)
ans =1/4* (2* c* x+b)/c* (a+b* x+c* x^2)^(1/2)+1/2/c^(1/2)* log((1/2* b+c* x)/
c^(1/2)+(a+b* x+c* x^2)^(1/2))* a-1/8/c^(3/2)* log((1/2* b+c* x)/c^(1/2)+(a+b*
x+c* x^2)^(1/2))* b^2
```

所以研究简单、高效的计算定积分的方法（即**数值积分**方法）是十分必要的。数值积分的基本思想是构造一个简单函数$P_n(x)$来近似代替被积分函数$f(x)$，然后通过求$\int_a^b P_n(x)\mathrm{d}x$得$\int_a^b f(x)\mathrm{d}x$的近似值。

6.1 插值型求积公式

设$I^* = \int_a^b f(x)\mathrm{d}x$，插值型求积公式就是构造插值多项式$P_n(x)$，使$I^* \approx I = \int_a^b P_n(x)\mathrm{d}x$。

首先，构造以a，b为节点的线性插值多项式

$$P_1(x) = \frac{x-b}{a-b}f(a) + \frac{x-a}{b-a}f(b) \tag{6.1}$$

于是有

$$I = \int_a^b P_1(x)\mathrm{d}x = \int_a^b \left[\frac{x-b}{a-b}f(a) + \frac{x-a}{b-a}f(b)\right]\mathrm{d}x = \frac{1}{2}(b-a)[f(a)+f(b)] \tag{6.2}$$

则

$$\int_a^b f(x)\,\mathrm{d}x \approx \frac{1}{2}(b-a)[f(a)+f(b)] \tag{6.3}$$

称式（6.3）为**梯形求积公式**（见图6.1a）。

其次，以a，$c=\frac{a+b}{2}$，b为三个插值节点，构造二次插值多项式

$$P_2(x)=\frac{(x-c)(x-b)}{(a-c)(a-b)}f(a)+\frac{(x-a)(x-b)}{(c-a)(c-b)}f(c)+\frac{(x-a)(x-c)}{(b-a)(b-c)}f(b) \tag{6.4}$$

则可以推出

$$I=\int_a^b P_2(x)\,\mathrm{d}x=\lambda_0 f(a)+\lambda_1 f(c)+\lambda_2 f(b) \tag{6.5}$$

其中

$$\lambda_0=\int_a^b \frac{(x-c)(x-b)}{(a-c)(a-b)}\mathrm{d}x=\frac{1}{6}(b-a)$$

$$\lambda_1=\int_a^b \frac{(x-a)(x-b)}{(c-a)(c-b)}\mathrm{d}x=\frac{4}{6}(b-a)$$

$$\lambda_2=\int_a^b \frac{(x-a)(x-c)}{(b-a)(b-c)}\mathrm{d}x=\frac{1}{6}(b-a)$$

故

$$\int_a^b f(x)\,\mathrm{d}x \approx \frac{b-a}{6}[f(a)+4f(c)+f(b)] \tag{6.6}$$

称式（6.6）为**辛卜生**（Simpson）**求积公式**（见图6.1b）。

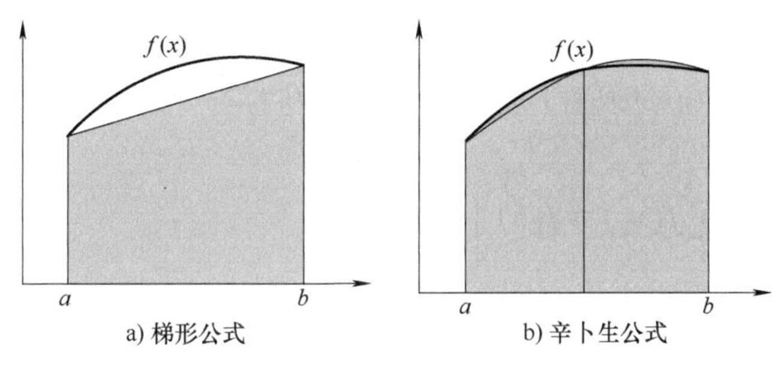

图6.1　梯形公式和辛卜生公式

再次，利用经典拉格朗日插值公式

$$P_n(x)=\sum_{k=0}^{n} l_k(x)f(x_k) \tag{6.7}$$

求定积分近似值，则有

$$I=\sum_{k=0}^{n}\int_a^b l_k(x)f(x_k)\,\mathrm{d}x=\sum_{k=0}^{n}\left(\int_a^b l_k(x)\,\mathrm{d}x\right)f(x_k) \tag{6.8}$$

引入记号$\lambda_k=\int_a^b l_k(x)\,\mathrm{d}x$，将定积分近似值$I$表示成

$$I=\sum_{k=0}^{n}\lambda_k f(x_k) \tag{6.9}$$

其中，λ_k为求积系数，x_k为求积节点。称式（6.9）为**插值型积分公式**。

注意：①积分结果为函数值的一个代数和；② $\sum_{k=0}^{n}\int_a^b l_k(x)\mathrm{d}x = b - a$。

如果积分区间比较大，直接使用式（6.9）求积分难以保证计算精度。通常采取复化求积方法提高计算精度，步骤如下：

1）首先，等分积分区间，比如取步长 $h=\frac{b-a}{n}$，将$[a, b]$分为 n 等份，分割点为 $x_k=a+kh$，$k=0, 1, 2, \cdots, n$；

2）之后，在区间 $[x_k, x_{k+1}]$ 上使用梯形公式或辛卜生公式求得 I_k；

3）最后，取和 $I = \sum_{k=0}^{n-1} I_k$ 作为整个区间上的积分值。

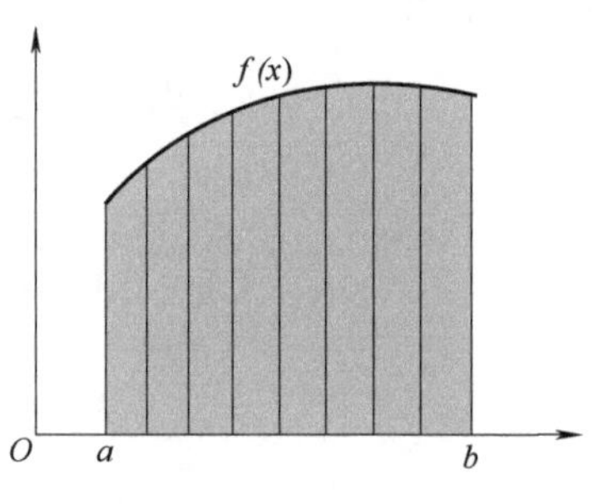

图 6.2　复合梯形公式

将梯形公式（或辛卜生公式）应用于各子区间 $[x_k, x_{k+1}]$（$k=0, \cdots, n-1$）上得到子区间的定积分，再将子区间的定积分加起来得到整个区间的定积分近似值，由此得到的公式称为**复化梯形公式**（见图 6.2）（或**复化辛卜生公式**）。相对于复化梯形公式，复化辛卜生公式是一种精度较高的求积公式。对于复化梯形公式，令 $I_k = \frac{h}{2}[f(x_k)+f(x_{k+1})]$，则

$$
\begin{aligned}
T_n &= \sum_{k=0}^{n-1} I_k = \sum_{k=0}^{n-1}\frac{h}{2}[f(x_k)+f(x_{k+1})] \\
&= \frac{h}{2}[f(x_0)+f(x_1)+f(x_1)+f(x_2)+\cdots+f(x_{n-2})+f(x_{n-1})+f(x_{n-1})+f(x_n)] \\
&= \frac{h}{2}\left[f(a)+2\sum_{k=1}^{n-1}f(x_k)+f(b)\right]
\end{aligned}
$$

将所有子区间 $[x_k, x_{k+1}]$ 二等分，在每个子区间上使用梯形公式可得：

$$
\begin{aligned}
T_{2n} &= \sum_{k=0}^{n-1}\left\{\frac{h}{4}\left[f(x_k)+f\left(\frac{x_k+x_{k+1}}{2}\right)\right]+\frac{h}{4}\left[f\left(\frac{x_k+x_{k+1}}{2}\right)+f(x_{k+1})\right]\right\} \\
&= \frac{h}{4}\left[f(x_0)+f\left(\frac{x_0+x_1}{2}\right)+f\left(\frac{x_0+x_1}{2}\right)+f(x_1)+\cdots+f(x_{n-1})+\right. \\
&\quad \left. f\left(\frac{x_{n-1}+x_n}{2}\right)+f\left(\frac{x_{n-1}+x_n}{2}\right)+f(x_n)\right] \\
&= \frac{h}{2}\sum_{k=0}^{n-1}f\left(\frac{x_k+x_{k+1}}{2}\right)+\frac{T_n}{2}
\end{aligned}
$$

所以，复化梯形公式表示为

$$
T_{2n} = \frac{h}{2}\sum_{k=0}^{n-1}f\left(\frac{x_k+x_{k+1}}{2}\right)+\frac{T_n}{2} \tag{6.10}
$$

与直接用梯形公式求解的算法相比，利用复化梯形公式求解的算法计算效率更高。同样

方法可推导出复化辛卜生公式。

【例 6.1】 用复化梯形公式计算积分 $I = \int_0^1 \frac{1}{1+x^3}\mathrm{d}x$，取 $n=8$。

解：利用表 6.1，计算出

$$T_8 = \frac{1}{8}\times\frac{1}{2}\left[f(0)+2f\left(\frac{1}{8}\right)+2f\left(\frac{1}{4}\right)+2f\left(\frac{3}{8}\right)+2f\left(\frac{1}{2}\right)+2f\left(\frac{5}{8}\right)+2f\left(\frac{3}{4}\right)+2f\left(\frac{7}{8}\right)+f(1)\right]$$
$$\approx 0.8347$$

表 6.1 例 6.1 数据表

x_k	0	1/8	1/4	3/8	1/2	5/8	3/4	7/8	1
$f(x_k)$	1	0.9981	0.9846	0.9499	0.8889	0.8038	0.7033	0.5988	0.5

6.2 变步长积分法

使用复化求积公式须给出合适的步长，步长太大则精度难以保证，步长太小会增加计算量，但是预先给出一个合适的步长是十分困难的。利用递推公式避免已计算节点的重复计算，可使计算量大幅减少。

变步长积分法的思想是将区间逐次对分，比较前后两次计算结果，若前后两次计算结果很接近，并且能满足精度的要求即停止，否则再次对分，直到达到精度要求为止。设将 $[a, b]$ 区间 n 等分，每段子区间长度为 h，共有 $n+1$ 个分割点（含两端点），按复化梯形公式计算 T_n，需要计算 $n+1$ 个 $f(x)$ 的值。T_{2n} 的全部分割点中，有 $n+1$ 个是原有的分割点，仅需计算 n 个 $f(x)$ 值。利用复化梯形公式求得积分有递推关系：

$$T_{2n} = \frac{h}{2}\sum_{k=0}^{n-1} f\left(\frac{x_k + x_{k+1}}{2}\right) + \frac{T_n}{2}$$

基于复化梯形公式的变步长积分程序代码如下：

程序示例 6.1 变步长积分算法

```
double trapezoid(double (* f)(double x),double a,double b,double e,int max)
{
    int i,k,n =1;
    double h,T2n,Tn =0.;

    h =b - a;
    Tn =0.5* h* (f(a) +f(b));
    for( i =0; i < max; i + + )
    {
        T2n =0.;
        for( k =0; k < n; k + + )
            T2n + =f(a + (k +0.5) * h);
```

```
        T2n = (T2n* h + Tn) /2;
        if( fabs(T2n - Tn) < e )
            return T2n;
        Tn = T2n;
        h/ = 2;
        n + = n;
    }

    return 0.;
}
```

【例 6.2】 用变步长积分法计算 $\int_0^1 \frac{\sin x}{x} \mathrm{d}x$。

解： 根据梯形公式和复化梯形公式 $T_1 = [f(0) + f(1)]/2, T_{2n} = \frac{1}{2}T_n + \frac{h}{2}\sum_{k=0}^{n-1} f(x_{k+0.5})$，于是有表 6.2。

表 6.2 例 6.2 数据表

n	1	2	4	8	16	32
T_n	0.9397	0.9445	0.9456	0.9459	0.9461	0.9461

6.3 求积公式的误差

为分析求积公式的误差，先给出两个引理。

引理 6.1（积分中值定理） 设 $f(x)$ 在区间 $[a, b]$ 上连续，$g(x)$ 在区间 $[a, b]$ 上可积且不变号，则在区间 $[a, b]$ 上至少有一个 ξ 满足 $\int_a^b f(x)g(x)\mathrm{d}x = f(\xi)\int_a^b g(x)\mathrm{d}x$。

引理 6.2（介值定理） 对于连续函数 $f(x)$、自然数 n 及该函数定义域内的 x_i，$i = 1, 2, \cdots, n$，存在 ξ 使 $\frac{\sum_{i=1}^n f(x_i)}{n} = f(\xi)$。

连续函数有一个基本性质：假设区间 $[a, b]$ 上的连续函数 $f(x)$ 的最小值为 m，最大值为 M，则对于任意 θ，只要 θ 满足 $m \leqslant \theta \leqslant M$，就存在 ξ 使 $f(\xi) = \theta$。应用这个性质容易证明引理 6.1 和引理 6.2。

应用 4.2 节插值多项式余项定理，用 n 次拉格朗日多项式插值函数 $f(x)$ 的余项为 $R(x) = \frac{f^{(n+1)}(\xi)}{(n+1)!}\omega_{n+1}(x)$。对于插值多项式次数 n 为 1 的情况，插值余项等于

$$R(x) = \frac{f''(\xi)}{2}(x - a)(x - b)$$

令积分真实值记为

$$I^* = \int_a^b f(x)\,\mathrm{d}x$$

根据梯形公式有

$$T = \int_a^b \left[\frac{x-b}{a-b}f(a) + \frac{x-a}{b-a}f(b)\right]\mathrm{d}x$$

结合积分中值定理，可以推导出梯形公式的截断误差为

$$\begin{aligned} I^* - T &= \int_a^b \frac{f''(\xi(x))}{2}(x-a)(x-b)\,\mathrm{d}x \\ &= \frac{f''(\xi)}{2}\int_a^b (x-a)(x-b)\,\mathrm{d}x \\ &= -\frac{f''(\xi)}{12}(b-a)^3 \end{aligned} \tag{6.11}$$

将区间 $[a, b]$ n 等分，取 $h = \frac{b-a}{n}$，考虑复化梯形积分公式的总误差。该总误差是 n 个等分区间段上用梯形公式计算定积分的误差之和，即

$$\begin{aligned} I^* - T_n &= -\sum_{i=0}^{n-1}\frac{f''(\xi_i)}{12}h^3 \\ &= -\frac{h^3}{12}\sum_{i=0}^{n-1}f''(\xi_i) \\ &= -\frac{h^3 nf''(\xi)}{12} \\ &= -\frac{h^2(b-a)f''(\xi)}{12} \end{aligned} \tag{6.12}$$

6.4 收敛加速

利用梯形公式求积分较简单，但精度低，且收敛的速度慢。通过什么方法能进一步提高收敛速度呢？设 I^* 是精确积分值，根据复化梯形公式，借用 6.3 节中的符号及公式推导，基于定积分的基本定义可以得到

$$\begin{aligned} I^* - T_n &= -\sum_{i=0}^{n-1}\frac{f''(\xi_i)}{12}h^3 \\ &= -\frac{h^2}{12}\sum_{i=0}^{n-1}f''(\xi_i)h \\ &\approx -\frac{h^2}{12}\int_a^b f''(x)\,\mathrm{d}x \end{aligned}$$

同样对于 T_{2n} 有

$$I^* - T_{2n} \approx -\frac{h^2}{48}\int_a^b f''(x)\,\mathrm{d}x$$

所以

$$\frac{I^* - T_{2n}}{I^* - T_n} \approx \frac{1}{4}$$

整理得

$$I^* - T_{2n} \approx \frac{1}{3}(T_{2n} - T_n) \tag{6.13}$$

根据上面的公式，可得到两个结论：①只要相邻两次迭代结果 T_n 与 T_{2n} 相当接近，就可以保证 T_{2n} 的误差很小；②T_{2n} 的误差大致等于 $\frac{1}{3}$（$T_{2n}-T_n$），用此误差值作为 T_{2n} 的补偿，可期望 $T_{2n}+\frac{1}{3}$（$T_{2n}-T_n$）的精度更高。

也可以这样考虑，将所有 T_n 看作构成一个函数 T，变量为其步长的平方，即 h^2。当 h 趋近 0 时，$T(h^2)$ 接近 I^*，即 $T(0)=I^*$，连接点（h_n^2，T_n）和（h_{n+1}^2，T_{n+1}）得一直线，其方程为

$$y=\frac{x-h_{n+1}^2}{h_n^2-h_{n+1}^2}T_n+\frac{x-h_n^2}{h_{n+1}^2-h_n^2}T_{n+1} \tag{6.14}$$

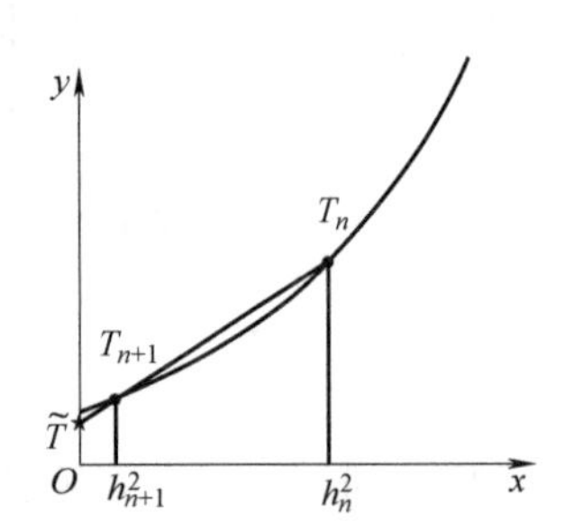

图 6.3　一种迭代加速

延伸该直线与 y 轴相交（见图 6.3），计算交点的 y 坐标值 $\widetilde{T}$ 的表达式，并假设 T_n 对应的步长等于 T_{n+1} 对应的步长的两倍，则有

$$\widetilde{T}=\frac{-h_{n+1}^2}{h_n^2-h_{n+1}^2}T_n+\frac{-h_n^2}{h_{n+1}^2-h_n^2}T_{n+1}=\frac{4T_{n+1}-T_n}{3} \tag{6.15}$$

这实质上就是一种迭代的加速：基于最后两次迭代的结果进行外推，从而提高精度。

6.5　高斯型求积公式

在插值型求积公式中，插值节点是预先选定的，一般情况下，插值节点等距分布。是否可在积分区间上优化节点的位置，进而提高计算精度？正如 5.4 节中讨论的拉格朗日插值节点的思路，通过优化选取，优化布置积分区间上的节点，提高定积分的计算精度。下面先介绍几个基本概念，再通过一个简单实例进行说明。

称 $\int_a^b f(x)\mathrm{d}x \approx \sum_{i=0}^{n} A_i f(x_i)$ 为**一般求积公式**，这里 A_i 为不依赖 $f(x)$ 的常数。若对于 $f(x)$ 为任意不高于 m 次的多项式，求积公式精确成立，而对于高于 m 次的多项式，求积公式不能精确成立，则称该求积公式具有 m 次**代数精度**。下面讨论的求积公式称为**高斯型求积公式**。

【例 6.3】　求形如 $\int_{-1}^{1} f(x)\mathrm{d}x \approx A_0 f(x_0)+A_1 f(x_1)$ 的具有 3 次代数精度的求积公式。

解： 因为求积公式对 $f(x)=1$，x，x^2，x^3 都准确成立，所以得方程组

$$\begin{cases} A_0+A_1=2 \\ A_0x_0+A_1x_1=0 \\ A_0x_0^2+A_1x_1^2=\frac{2}{3} \\ A_0x_0^3+A_1x_1^3=0 \end{cases}$$

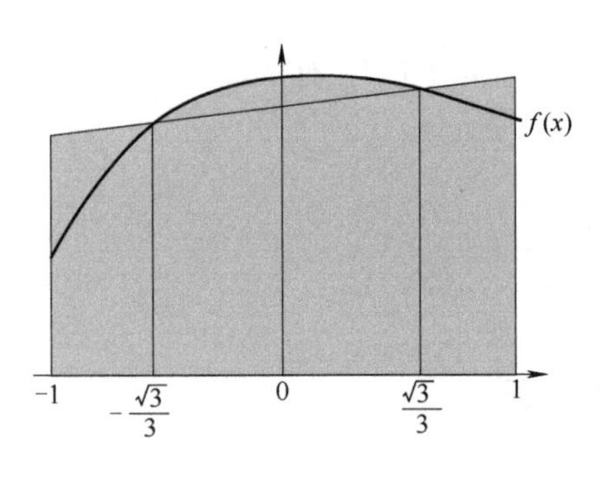

图 6.4　代数精度

求解得 $A_0=A_1=1$，$x_0=-\frac{\sqrt{3}}{3}$，$x_1=\frac{\sqrt{3}}{3}$，故得到有3次代数精度的求积公式（见图6.4）

$$\int_{-1}^{1}f(x)\,\mathrm{d}x \approx f\left(-\frac{\sqrt{3}}{3}\right)+f\left(\frac{\sqrt{3}}{3}\right) \tag{6.16}$$

注意：对于梯形公式 $\int_{-1}^{1}f(x)\,\mathrm{d}x \approx f(-1)+f(1)$，容易验证此公式只有1次代数精度。可见，适当调整节点分布可以提高数值积分公式的精度。

6.6 蒙特卡罗方法

是否可以用“抛石子”的方法计算数值积分？出现于20世纪40年代中期的**蒙特卡罗**（Monte Carlo）方法（见图6.5）或许能带给我们一些思考。该方法以计算机为硬件基础，是以概率统计理论为指导的一类新型的数值计算方法，其理论基础是**大数法则**，即在一个随机事件中，随着试验次数的增加，事件发生的频率趋于一个稳定值；同时，在对物理量的测量实践中，大量测定值的算术平均也具有稳定性。

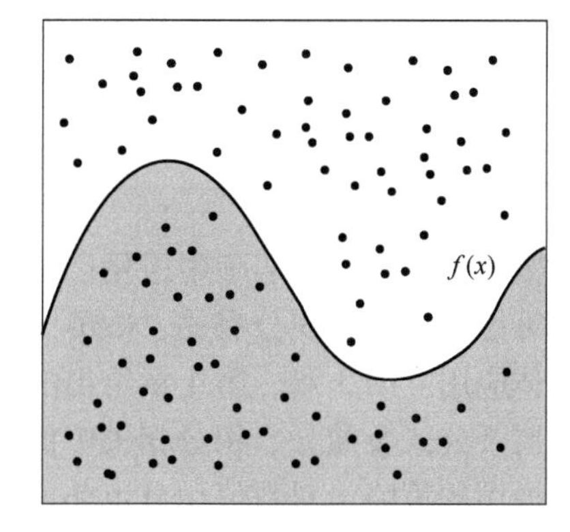

图6.5 蒙特卡罗方法

均匀地、随机地选取 $[a,b]$ 中 M 个数 $\{x_k\}$，显然有

$$\int_a^b f(x)\,\mathrm{d}x \approx \frac{b-a}{M}\sum_{k=1}^{M}f(x_k) \tag{6.17}$$

注意：当 M 取1时，此公式就是积分中值定理；当 M 取2时，此公式即为梯形公式；当 M 充分大时，可得到足够好的积分值。对一重积分而言，经典数值积分方法比蒙特卡罗方法要有效得多；对于多重积分及积分区域不规则的情况，例如在计算 $\iiint\limits_{\Omega}f(x_1,x_2,x_3)\,\mathrm{d}V$ 时，蒙特卡罗方法则具有一定的优势。

【例6.4】 编程计算定积分 $\int_0^1 \mathrm{e}^x\,\mathrm{d}x$（近似值为1.7183）。

解：用蒙特卡罗方法计算的程序见程序示例6.2，结果为1.7184。

程序示例6.2 用蒙特卡罗方法计算定积分

```
#include "stdafx.h"
#include "math.h"
#include "time.h"
#include "stdlib.h"
#define MAX_LOOP 1000000
#define rand01() (((double)rand())/RAND_MAX)
```

```
int main(int argc,char* argv[])
{
    double x,s=0.;
    for( int i=0; i < MAX_LOOP; i++ )
    {
        x=rand01();
        s +=exp(x);
    }
    s /=MAX_LOOP;

    return 0;
}
```

6.7 总结

数值积分在工程实际中应用广泛，诸如路径的弧长、曲面零件的表面积、复杂形体体积的计算等都与数值积分有关，CAD 软件中，有关计算零件惯性矩的功能就是数值积分技术的具体应用。第 3 章、第 4 章给出的插值、逼近等算法都可用于构造数值积分方法。一般用泰勒展开公式及微分、积分相关中值定理分析数值积分的误差。变步长方法在数值计算中是一种通用的策略，对数值积分也非常重要。

练习题

1. 写出梯形求积公式和辛卜生求积公式。

2. 推导出复化辛卜生求积公式，并参考 6.2 节中的程序代码，用 C 语言实现基于该公式的变步长求积算法，给出验证实例。

3. 利用 3 次拉格朗日插值公式推导数值积分公式：$\int_a^b f(x)\,\mathrm{d}x \approx \frac{(b-a)}{8}[f(a)+3f(c)+3f(d)+f(b)]$，其中 $c=\frac{2a+b}{3}$，$d=\frac{a+2b}{3}$是［a，b］区间上的 3 等分点。

4. 一般求积公式 $\int_a^b f(x)\,\mathrm{d}x \approx \sum_{i=0}^{n} A_k f(x_i)$ 满足什么条件时可被称为具有 m 次代数精度。

5. 试用伯恩斯坦（Bernstein）基函数构造数值积分方法，并对所得结果进行分析。

6. 试用泰勒展开公式分析如下数值微分公式的精度：

$$(1)\ f'(x) \approx \frac{f(x+\Delta x)-f(x)}{\Delta x}$$

$$(2)\ f'(x) \approx \frac{f(x+\Delta x)-f(x-\Delta x)}{2\Delta x}$$

第 7 章

非线性优化

简单地说，优化就是从解空间中搜索全局最优解，其应用已深入工业、经济社会各领域。

优化问题的一般形式为

$$\begin{cases}\min f(x_1,x_2,\cdots,x_n)\\ \text{s. t. } g_i(x_1,x_2,\cdots,x_n)\geqslant 0, i=1,2,\cdots,m\\ h_j(x_1,x_2,\cdots,x_n)=0, j=1,2,\cdots,l\end{cases} \tag{7.1}$$

其中 $f(\boldsymbol{x})$ 称为**目标函数**，是满足一定光滑性要求的多元函数，即 $f(\boldsymbol{x})$：$\mathbf{R}^n\rightarrow\mathbf{R}$；$g_i(\boldsymbol{x})\geqslant 0$ 和 $h_j(\boldsymbol{x})=0$ 称为**约束条件**，其中变量 $\boldsymbol{x}$ 是向量 $(x_1, x_2, \cdots, x_n)^{\mathrm{T}}$。优化问题有三个要素：①变量；②目标函数；③约束条件。如果目标函数或约束条件中有非线性函数，则此优化问题即为**非线性优化问题**。

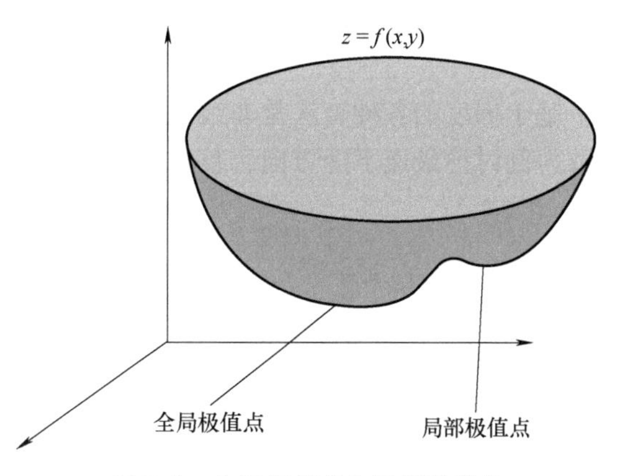

图 7.1　全局极值点和局部极值点

关于**全局极值点**和**局部极值点**两个概念，可参考图 7.1 直观理解，本书不再给出其严格定义。

$f(\boldsymbol{x})$ 的一阶偏导数组成 $f(\boldsymbol{x})$ 的**梯度**，即

$$\nabla f(\boldsymbol{x})=\left(\frac{\partial f(\boldsymbol{x})}{\partial x_1},\frac{\partial f(\boldsymbol{x})}{\partial x_2},\cdots,\frac{\partial f(\boldsymbol{x})}{\partial x_n}\right)^{\mathrm{T}} \tag{7.2}$$

梯度退化为 0 的点称为**驻点**，驻点可能是极小值点、极大值点，也可能是**鞍点**。

7.1　极值必要条件

假设一元函数 $f(x)$ 在 (a, b) 内有连续的一阶导数，且 (a, b) 内的 x_0 是 $f(x)$ 的极小值

点。由于$f(x_0)$是极小值，对于充分小的Δ，当$\Delta<0$时，$\frac{f(x_0+\Delta)-f(x_0)}{\Delta}\leqslant 0$；当$\Delta>0$时，$\frac{f(x_0+\Delta)-f(x_0)}{\Delta}\geqslant 0$，所以$\lim\limits_{\Delta\to 0}\frac{f(x_0+\Delta)-f(x_0)}{\Delta}=0$，即$f'(x_0)=0$，故函数$f(x)$取极小值时导数为0。

此结论可推广到多元函数的情况。

定理7.1（极值必要条件） 假设函数$f(\boldsymbol{x})$：$D\subset\mathbf{R}^n\to\mathbf{R}$，$f(\boldsymbol{x})$在开集$D$内有连续的一阶导数，$\boldsymbol{x}^{(0)}\in D$，且$\boldsymbol{x}^{(0)}$是$f(\boldsymbol{x})$的极小值点，则$\nabla f(\boldsymbol{x}^{(0)})=\boldsymbol{0}$。

令$\boldsymbol{x}^{(0)}=(x_1^{(0)},x_2^{(0)},\cdots,x_n^{(0)})$，如果将$x_1$看作是变量，则$g(x_1)=f(x_1,x_2^{(0)},\cdots,x_n^{(0)})$是一元函数，且$g'(x_1)=\frac{\partial f(x_1,x_2^{(0)},\cdots,x_n^{(0)})}{\partial x_1}$，如图7.2所示。因为$\boldsymbol{x}^{(0)}$是$f(\boldsymbol{x})$的极小值点，可以推出$x_1^{(0)}$是$g(x_1)$的极小值点，由前面的讨论知$g'(x_1^{(0)})=0$，即$\frac{\partial f(x_1^{(0)},x_2^{(0)},\cdots,x_n^{(0)})}{\partial x_1}=0$。对于$x_2$，…，$x_n$也有同样的结果，故$\nabla f(\boldsymbol{x}^{(0)})=\boldsymbol{0}$。

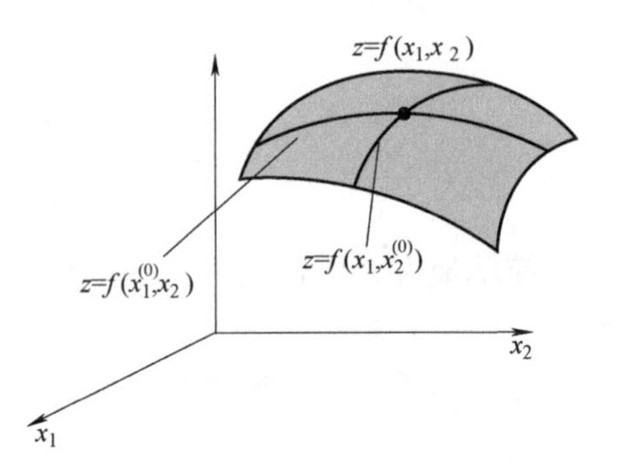

图7.2 极值必要条件

7.2 最速下降法

基于梯度的各种算法是非线性优化算法的基础，其中最简单的就是最速下降法。以二元函数为例讨论最速下降方向，首先给出二元函数的泰勒展开式：

$$f(x+h,y+k)\approx f(x,y)+hf_x+kf_y \tag{7.3}$$

式（7.3）中，$f_x=\frac{\partial f}{\partial x}$、$f_y=\frac{\partial f}{\partial y}$。假设在定义域内走步长固定的一步（即$\sqrt{h^2+k^2}$为定值），那么$h$，$k$如何取值可使$f(x+h,\ y+k)$趋于更小？由三角函数的性质可知，存在$\theta$满足：

$$\begin{aligned}f(x+h,y+k)&\approx f(x,y)+hf_x(x,y)+kf_y(x,y)\\&=f+\sqrt{f_x^2+f_y^2}\sqrt{h^2+k^2}\left(\frac{f_x}{\sqrt{f_x^2+f_y^2}}\frac{h}{\sqrt{h^2+k^2}}+\frac{f_y}{\sqrt{f_x^2+f_y^2}}\frac{k}{\sqrt{h^2+k^2}}\right)\\&=f+\sqrt{f_x^2+f_y^2}\sqrt{h^2+k^2}\cos\theta\end{aligned}$$

所以当$\cos\theta=-1$时，$f(x+h,\ y+k)$趋于最小，此时h，k满足：

$$\frac{h}{\sqrt{h^2+k^2}}=-\frac{f_x}{\sqrt{f_x^2+f_y^2}} \tag{7.4}$$

$$\frac{k}{\sqrt{h^2+k^2}}=-\frac{f_y}{\sqrt{f_x^2+f_y^2}} \tag{7.5}$$

即h，k取负梯度方向。

负梯度方向是函数值下降最快的方向，这个方向也称为**最速下降方向**。基于这个原理可给出非线性优化的一种方法，即**最速下降法**（Steepest Descent Method）：从初始点 $\boldsymbol{x}^{(0)}$ 开始计算负梯度方向 $\boldsymbol{v}^{(0)}$，然后沿负梯度方向搜索极值点 $\boldsymbol{x}^{(1)}$，再计算该点处的负梯度方向 $\boldsymbol{v}^{(1)}$，……。注意搜索极值点 $\boldsymbol{x}^{(i)}$ 是一维搜索，其中 $i \geqslant 1$。最速下降算法如下：

算法 7.1　最速下降法

```
Input:多元函数 f(x),初始点 x^(0) 和 ε>0,最大迭代次数 max
Output:极值点x*
Begin
    For k←0 to max,do
        If ‖∇f(x^(k))‖ <ε,then
            x* ←x^(k)
            Return Success // 收敛
        Else
            v^(k) ← -∇f(x^(k))
        End If
        求解关于 λ 的一维极值问题:min_λ f(x^(k) +λ v^(k)),得 λ_k
        x^(k+1) ←x^(k) +λ_k v^(k)
    End For
    Return Error// 不收敛
End
```

以二元函数情况为例，讨论搜索方向的性质。假设从 (x_0, y_0) 开始沿 (h, k) 方向搜索（注意搜索方向是可行域内的方向），令 $g(\lambda)=f(x_0+\lambda h, y_0+\lambda k)$，则

$$
\begin{aligned}
g'(\lambda) &= \frac{\partial f(x_0+\lambda h, y_0+\lambda k)}{\partial x}h + \frac{\partial f(x_0+\lambda h, y_0+\lambda k)}{\partial y}k \\
&= \left(\frac{\partial f(x_0+\lambda h, y_0+\lambda k)}{\partial x}, \frac{\partial f(x_0+\lambda h, y_0+\lambda k)}{\partial y}\right)\begin{pmatrix} h \\ k \end{pmatrix} \\
&= \nabla f(x_0+\lambda h, y_0+\lambda k)\begin{pmatrix} h \\ k \end{pmatrix}
\end{aligned}
$$

当 $g(\lambda)$ 达到极值点时 $g'(\lambda)=0$，于是 $f(x, y)$ 在此极值点处的梯度方向 $\nabla f(x_0+\lambda h, y_0+\lambda k)$ 与搜索方向 (h, k) 正交。

由于搜索方向仅在搜索点附近（或极小范围内）有效，一般情况下，最速下降法最初的搜索效率较高，随着搜索的继续，搜索方向呈锯齿形（见图 7.3），当接近极值点附近时，可能搜索方向发生振荡、收敛速度极其缓慢。例如，Rosenbrock 函数 $f(x, y)=(1-x)^2+100(y-x^2)^2$，其全局极小值点 $(1, 1)$ 位于一条狭长的“山谷”内，用最速下降法搜索极值是非常困难的，如图 7.4 所示。

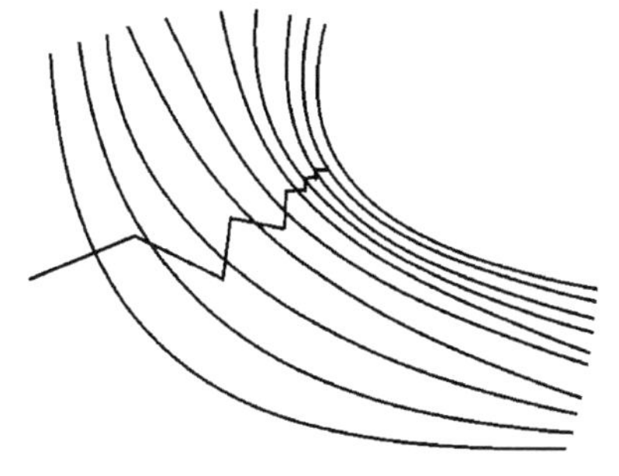

图 7.3　搜索方向呈锯齿形

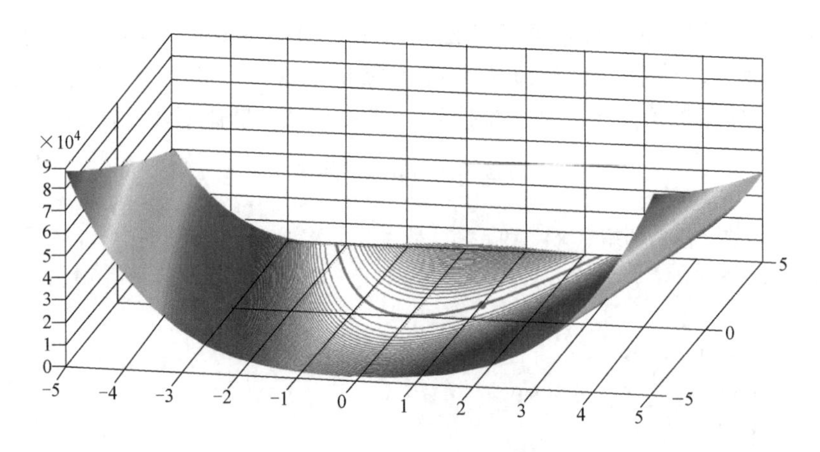

图 7.4　Rosenbrock 函数

对于线性方程组 $\boldsymbol{Ax}=\boldsymbol{B}$，构造二次函数 $f(\boldsymbol{x})=(\boldsymbol{Ax}-\boldsymbol{B},\boldsymbol{Ax}-\boldsymbol{B})$，显然求解线性方程组等价于求 $f(\boldsymbol{x})$ 的极值。由于梯度 $\nabla f(\boldsymbol{x})=2\boldsymbol{A}^{\mathrm{T}}(\boldsymbol{Ax}-\boldsymbol{B})$，所以在点 $\boldsymbol{x}$ 处沿梯度方向 $\nabla f(\boldsymbol{x})$（简记为 ∇）搜索极值，即求 λ 为何值时 $f(\boldsymbol{x}-\lambda\nabla)=(\boldsymbol{A}(\boldsymbol{x}-\lambda\nabla)-\boldsymbol{B},\boldsymbol{A}(\boldsymbol{x}-\lambda\nabla)-\boldsymbol{B})$ 取极小值。注意到当 $\boldsymbol{x}$ 给定时，$f(\boldsymbol{x}-\lambda\nabla)$ 是关于 λ 的二次函数，其极值很容易求出。记 $\boldsymbol{\alpha}=\boldsymbol{Ax}-\boldsymbol{B}$，$\boldsymbol{\beta}=\boldsymbol{A}\nabla$，则

$$
\begin{aligned}
f(\boldsymbol{x}-\lambda\nabla) &= (\boldsymbol{\alpha}-\lambda\boldsymbol{\beta},\boldsymbol{\alpha}-\lambda\boldsymbol{\beta}) \\
&= (\boldsymbol{\alpha},\boldsymbol{\alpha})-2(\boldsymbol{\alpha},\boldsymbol{\beta})\lambda+(\boldsymbol{\beta},\boldsymbol{\beta})\lambda^2 \\
&= (\boldsymbol{\alpha},\boldsymbol{\alpha})+(\boldsymbol{\beta},\boldsymbol{\beta})\left[\lambda^2-2\frac{(\boldsymbol{\alpha},\boldsymbol{\beta})}{(\boldsymbol{\beta},\boldsymbol{\beta})}\lambda+\frac{(\boldsymbol{\alpha},\boldsymbol{\beta})^2}{(\boldsymbol{\beta},\boldsymbol{\beta})^2}\right]-\frac{(\boldsymbol{\alpha},\boldsymbol{\beta})^2}{(\boldsymbol{\beta},\boldsymbol{\beta})} \\
&= (\boldsymbol{\alpha},\boldsymbol{\alpha})-\frac{(\boldsymbol{\alpha},\boldsymbol{\beta})^2}{(\boldsymbol{\beta},\boldsymbol{\beta})}+(\boldsymbol{\beta},\boldsymbol{\beta})\left[\lambda-\frac{(\boldsymbol{\alpha},\boldsymbol{\beta})}{(\boldsymbol{\beta},\boldsymbol{\beta})}\right]^2
\end{aligned}
$$

所以当 $\lambda=\dfrac{(\boldsymbol{\alpha},\ \boldsymbol{\beta})}{(\boldsymbol{\beta},\ \boldsymbol{\beta})}$ 时，$f(\boldsymbol{x}-\lambda\nabla)$ 取极值。于是迭代公式可以写成如下形式：

$$
\boldsymbol{x}^{(k+1)}=\boldsymbol{x}^{(k)}-\lambda\nabla \tag{7.6}
$$

其中，$\boldsymbol{\alpha}=\boldsymbol{Ax}^{(k)}-\boldsymbol{B}$，$\nabla=2\boldsymbol{A}^{\mathrm{T}}\boldsymbol{\alpha}$，$\boldsymbol{\beta}=\boldsymbol{A}\nabla$，$\lambda=\dfrac{(\boldsymbol{\alpha},\ \boldsymbol{\beta})}{(\boldsymbol{\beta},\ \boldsymbol{\beta})}$。该算法的程序代码如下（矩阵数据结构 M 的定义见第 3 章）：

程序示例 7.1　用最速下降法求解线性方程组

```
inline void vSub(int n,double* v1,double* v2,double* v)// v=v1-v2
{
    for(int i=0; i < n; i++)
        v[i]=v1[i]-v2[i];
}

inline double vDot(int n,double* v1,double* v2) // vector dot product:d =
(v1,v2)
{
```

```
    double d =0.;
    for(int i =0; i < n; i + +)
        d + =v1[i]* v2[i];
    return d;
}

inline void vZero(int n,double* v)
{
    for(int i =0; i < n; i + +)
        v[i] =0.;
}

// AX =B,A is m* n,use steepest descent method, equations:m,variables:n
// 向量 B 中有 m 个元素
// 向量 X 中有 n 个元素
// 优化目标函数:f(X) = (AX - B,AX - B)
int mDescent(M* A,int m,int n,double* B,double e,int max,double* X)
{
    int i,j,k ;
    double d,lemda,ab,bb,* v,* a,* b;

    v =new double[n]; // v 就是 f(X)的梯度
    a =new double[m];
    b =new double[m];
    vZero(n,X); // initialize X[0] =0.,X[1] =0.,...
    for( k =0; k < max; k + + )
    {
        mMultv(A,X,a,m,n); // a =AX
        vSub(m,a,B,a); // a =AX - B
        for( i =0; i < n; i + + ) // v =2A'(AX - B)
        {
            v[i] =0.;
            for( j =0; j < m; j + + )
                v[i] + =A[j][i]* a[j];
            v[i] * =2;
        }
        mMultv(A,v,b,m,n); // b =2AA'(AX - B)

        ab =vDot(m,a,b); // ab = (a,b)
        bb =vDot(m,b,b); // bb = (b,b)
        if( bb < 1e -50 )
```

```
            goto Exit; //迭代收敛
        lemda=ab/bb;
        d=0.; // 增量中坐标分量绝对值最大的保存于 d 中
        for(i=0; i < n; i++)
        {
            v[i] * =lemda;
            X[i] - =v[i]; // X^(k+1)=X^k-lemada* v[i]
            if( d < fabs(v[i]) ) // 保留绝对值最大的
                d=fabs(v[i]);
        }
        if( d < e )
            goto Exit; // 迭代收敛
    }
Exit:
    delete []v;
    delete []a;
    delete []b;

    return k<max? 1:0 ;
}
```

取 $e=10^{-6}$，利用程序示例 7.1 的代码求解线性方程组 $\begin{pmatrix}1 & 0.2 & 0.5\\ 0.5 & 1 & 0.2\\ 0.1 & 0.2 & 1\end{pmatrix}\begin{pmatrix}x_1\\ x_2\\ x_3\end{pmatrix}=\begin{pmatrix}1\\ 1\\ 1\end{pmatrix}$，该算法迭代 31 次，得到解 $\begin{pmatrix}0.4630\\ 0.6019\\ 0.8333\end{pmatrix}$；用于求解以三阶的希尔伯特矩阵为系数阵的线性方程组 $\begin{pmatrix}1 & \frac{1}{2} & \frac{1}{3}\\ \frac{1}{2} & \frac{1}{3} & \frac{1}{4}\\ \frac{1}{3} & \frac{1}{4} & \frac{1}{5}\end{pmatrix}\begin{pmatrix}x_1\\ x_2\\ x_3\end{pmatrix}=\begin{pmatrix}1\\ 1\\ 1\end{pmatrix}$，需要迭代 26446 次，说明收敛速度慢。在迭代接近极值时，由于梯度的模长趋于 0 或方向呈锯齿形变化，造成收敛速度急剧下降。尽管有如此缺点，但最速下降法（梯度法）仍是求解优化问题的基础方法之一。

7.3 一维搜索

最速下降法的实现一般基于某种一维搜索算法。黄金分割法是一种常用的一维搜索算法（见图 7.5），下面给出适用于单峰函数的**黄金分割法**的算法步骤：

算法7.2 黄金分割法

```
Input:一元函数 f(x),初始区间[a0,b0],ε>0,最大循环次数 max
Output:f(x)在[a0,b0]内的极小值 x*
Begin
        ω←(√5 -1)/2
        a = a0
    b = b0
        λ←ωa + (1 - ω)b
        μ←a + b - λ
        For k←1 to max,do
            If f(λ) < f(μ)
                b←μ
                μ←λ
                λ←a + b - μ
            Else
                a←λ
                λ←μ
                μ←a + b - λ
            End If
            If |b - a| < ε
                x* = (a + b)/2
                Return Success
            End If
    End For
    Return Error
End
```

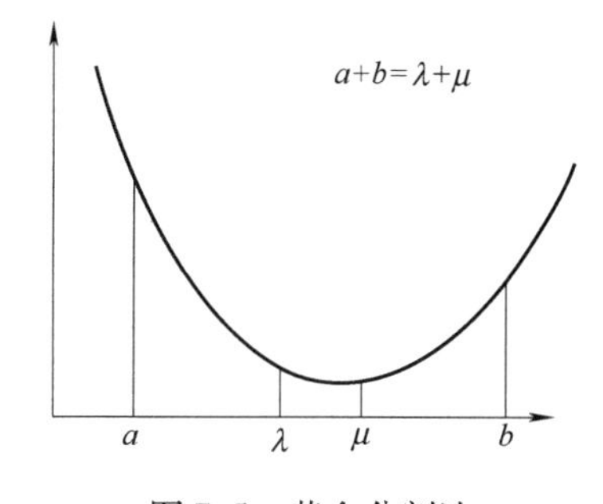

图7.5 黄金分割法

其中，ω 是黄金分割比值，λ 和 μ 是区间［a，b］的两个黄金分割点。由于$\frac{1-\omega}{\omega}=\omega$（即$\frac{0.392}{0.618}\approx 0.618$），所以 λ 和 μ 之一也是下一次迭代中新的［a，b］的一个黄金分割点，由此

可有效减少算法计算量。

7.4 拉格朗日乘子法

前几节讨论了无约束非线性优化的基础算法，本节讨论带简单约束的非线性优化。为简化叙述、便于理解，仅讨论二元函数的情况。带约束的二元非线性优化问题的一般形式为

$$\begin{cases}\min f(x,y)\\ \text{s.t. } g(x,y)=0\end{cases} \tag{7.7}$$

考虑到 $g(x,y)=0$ 表示二维坐标系中一条曲线，所以首先讨论隐式曲线的梯度和切线的关系。假设 $g(x,y)=0$ 有等价参数表示，记为 $\boldsymbol{P}(t)=\begin{pmatrix}x(t)\\y(t)\end{pmatrix}$，即 $g(x(t),y(t))\equiv 0$，对于任何 $t\in[a,\ b]$。根据复合函数的求导法则有

$$\frac{\partial g}{\partial x}x'+\frac{\partial g}{\partial y}y'=0 \tag{7.8}$$

即

$$\left(\frac{\partial g}{\partial x},\ \frac{\partial g}{\partial y}\right)\begin{pmatrix}x'\\y'\end{pmatrix}=0 \tag{7.9}$$

由于$\nabla g=\left(\frac{\partial g}{\partial x},\ \frac{\partial g}{\partial y}\right)^{\mathrm{T}}$是 $g(x,y)=0$ 的梯度向量，而$\begin{pmatrix}x'\\y'\end{pmatrix}$是 $P(t)$ 的切向量，也就是 $g(x,y)=0$ 的切向量，故梯度向量和切向量正交，如图 7.6 所示。

记$f(x,y)=w$，w 为常数，此时$f(x,y)=w$ 表示一条平面曲线，称为$f(x,y)$ 的等值线。当 w 变动时，可得到一组等值线，如图 7.7 所示。一方面，观察等值线组与约束曲线，可直观看出只有当等值线与约束曲线相切时，$f(x,y)$ 才可能达到极值。在极值点处，$f(x,y)$ 和 $g(x,y)$ 的梯度共线，于是存在 λ 使

$$\nabla f=\lambda\nabla g \tag{7.10}$$

式（7.10）等价于$\frac{\partial f}{\partial x}=\lambda\frac{\partial g}{\partial x}$及$\frac{\partial f}{\partial y}=\lambda\frac{\partial g}{\partial y}$。

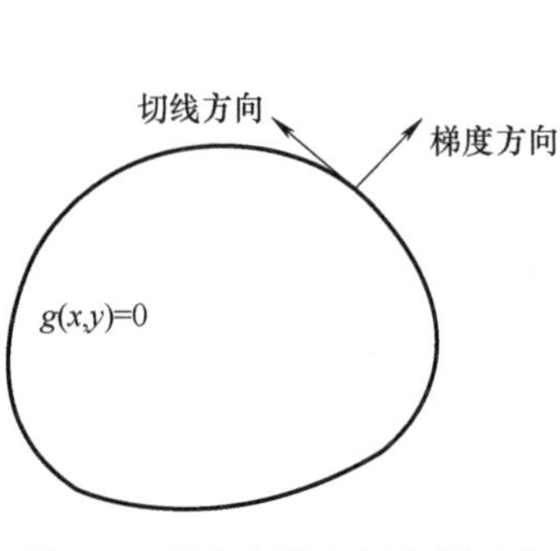

图 7.6　梯度向量和切向量正交

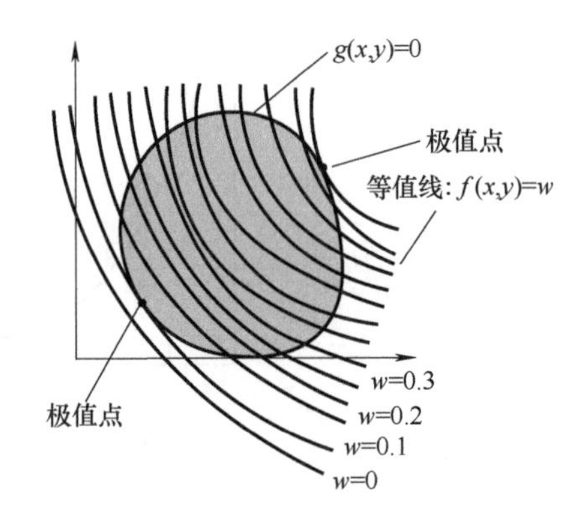

图 7.7　等值线

另一方面，基于 $g(x,y)=0$ 的参数表示 $g(x(t),y(t))=0$，$t\in[a,\ b]$，可推出极值问

题 $\min f(x,y)$，s. t. $g(x,y)=0$，等同于 $\min\limits_{t\in[a,b]} f(x(t),y(t))$。由极值存在的必要条件知，在极值点处，

$$\frac{\mathrm{d}f(x(t),y(t))}{\mathrm{d}t}=\frac{\partial f}{\partial x}x'+\frac{\partial f}{\partial y}y'=0 \tag{7.11}$$

根据前面讨论知

$$\frac{\partial g}{\partial x}x'+\frac{\partial g}{\partial y}y'=0 \tag{7.12}$$

所以有

$$\nabla f=\lambda\nabla g \tag{7.13}$$

这个结论就是**拉格朗日乘子法**（Lagrange Multiplier）的理论基础。

根据$\nabla f=\lambda\nabla g$ 这个结论，可以得到一种求解优化问题（见式 7.7）的方法：首先构造**拉格朗日函数** $F(x,y,\lambda)=f(x,y)-\lambda g(x,y)$，其中 λ 称为**拉格朗日乘子**，其次求解式 7.14 的解，最后验证该解是否为该优化问题极值点。

$$\begin{cases}\dfrac{\partial F}{\partial x}=\dfrac{\partial f}{\partial x}-\lambda\dfrac{\partial g}{\partial x}=0\\ \dfrac{\partial F}{\partial y}=\dfrac{\partial f}{\partial y}-\lambda\dfrac{\partial g}{\partial y}=0\\ \dfrac{\partial F}{\partial \lambda}=g=0\end{cases} \tag{7.14}$$

7.5 总结

常用优化算法大致可分为：①线性优化算法，如单纯形法；②经典非线性优化算法，如最速下降法等，属于局部优化算法，使用确定性搜索策略；③启发式算法，如模拟退火法等，属于全局优化算法，使用随机性搜索策略。对于非线性优化问题，基于梯度的方法较为常用。

练 习 题

1. 叙述多元函数取极值的必要条件。

2. 用 C 语言实现黄金分割一维极值搜索算法：输入函数 $f(x)$，区间 $[a,\ b]$，容差值 $e>0$，输出极值点 x。

3. 在第 2 题算法基础上，用 C 语言实现二元函数的最速下降算法，并用 Rosenbrock 函数 $f(x,y)=(1-x)^2+100(y-x^2)^2$ 为实例验证算法的应用效果。

第 8 章

启发式算法

启发式算法是一类具有全局优化性能、通用性强，且适合于并行处理的算法。1943 年心理学家 W. McCulloch 和数学家 W. Pitts 合作提出了形似神经元的数学模型；1959 年 A. L. Samuel 实现了一种具有学习能力的下棋程序；1975 年美国 J. Holand 提出了遗传算法；物理学家 S. Kirkpatrick 等人于 1983 年提出了模拟退火算法；2006 年加拿大 G. Hinton 发表关于深度学习的论文。

8.1 启发式算法简介

传统优化算法基本可以分两大类，一是直接搜索法，二是迭代法。例如用于确定非线性方程初始解的区间搜索就是一种直接搜索；而求解非线性方程的牛顿迭代法是典型的迭代法。前者一般适用于一维和二维的解空间规模较小的情况，但是对于解空间维数相对较大的情况，此类算法效率较低，并且难以得到最优解；后者依赖于初始解，严格而言，属于局部优化算法，而获取初始解的通用方法还是依靠直接搜索法。一些特殊优化问题，如线性规划、二次规划等问题，有特殊的求解方法，理论上可以得到最优解。但一般的优化问题很难用直接搜索或迭代法计算最优解。

宇宙万物中蕴含许多奇妙的原理和规律，如物种进化、神经元模型等。依据这些原理、规律或经验构造出的算法称为**启发式算法**（Heuristlc algorithm）。启发式算法针对一般优化问题，采用特殊的搜索策略，在解空间内实现全局搜索。其中一类算法称为**进化算法**（Evolution Algorithm），就是模拟生物进化过程，从一组解出发按照某种机制，以一定的概率在整个解空间中探索最优解。由于可以把搜索空间扩展到整个解空间，所以具有全局优化性能。进化算法强调搜索策略。**人工神经网络算法**也可以看作是一种启发式算法，该算法模拟神经元构成的网络结构，基于海量数据和训练，实现信息处理机制。常用的启发式算法有模拟退火算法（Simulated Annealing，SA）、遗传算法（Genetic Algorithm，GA）、粒子群算法（Particle Swarm Optimization，PSO）、人工神经网络算法（Artificial Neural Network，ANN）等。

启发式算法的应用领域包括：自动控制、生产调度、图像处理、机器学习、数据挖掘、CAD/CAM 及产品设计等。

8.2 神经元模型

人类大脑的思维主要分为逻辑思维和形象思维。逻辑思维是指根据逻辑规则进行推理的过程，即利用概念、符号和规则，按串行方式进行推理，此过程可以写成顺序的指令让计算机执行。而形象思维能够综合利用分布式存储的信息，不可预测地产生解决问题的办法。形象思维有两个特点：①信息分布储存在神经网络上，②通过神经元之间相互作用完成思维过程。人工神经网络是一个非线性系统，其特色在于基于神经元网络的信息的分布式存储和并行协同处理。单一神经元的结构简单、功能有限，但大量神经元构成的网络系统是非常复杂的。

神经元（Neural），即神经细胞，是神经系统的结构构成和功能实现的基本单元。如图8.1所示，神经元由细胞体和突起两部分组成，突起分树突和轴突两种。从神经元的信号处理角度看，**树突**相当于信号的输入端，一个神经元可有多个树突；**轴突**相当于信号的输出端，一个神经元只有一个轴突，其输出值只有0和1两个状态。轴突一般较长，其开始一段称为**始段**。树突的电位所引起的局部电流都要经过始段而汇总，由于始段与树突距离远近不同，有必要引入权值模拟神经元的信号输入。

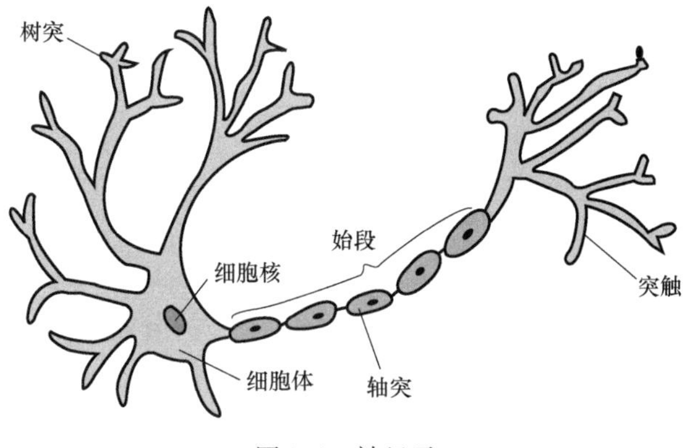

图8.1 神经元

1943年，心理学家W. McCulloch和数学家W. Pitts合作提出了神经元的数学模型，即**M-P模型**，如图8.2所示。M-P模型的核心思想是：

1）输入是线性累加的，

2）输出只有0和1。

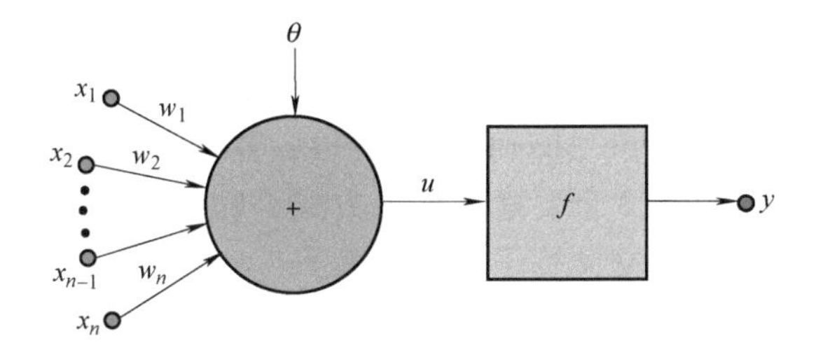

图8.2 神经元M-P模型

神经元模型由以下几部分构成：

1）x_1，x_2，…，x_n 为输入向量 $\boldsymbol{X}$ 的各个分量；

2）w_1，w_2，…，w_n 为权值向量 $\boldsymbol{W}$ 的各个分量；

3）θ 为偏置；

4）f 为激活函数，通常为非线性函数；

5）y 为神经元输出，$y=f(\boldsymbol{W}^{\mathrm{T}}\boldsymbol{X}+\theta)$。

一个神经元相当于一个**分类器**（classifier），其输入为一个向量，输出为0或1。例如提取苹果的一组特征作为输入向量，分类器完成是否为苹果的判断（0为否，1为是）。最简单的分类器：对于输入向量为一维的情况，用点 θ 将数轴分为两部分，如果输入 $x<\theta$ 则输出0，否则输出1；对于输入向量为二维的情况，用直线将平面分为两部分（见图8.3），如果输入点在直线的左侧则输出0，否则输出1；对于输入向量为 n 维的情况，用一个超平面将 n 维空间分为两部分，根据输入向量在超平面的哪一侧，确定输出0或1。注意 $\boldsymbol{W}^{\mathrm{T}}\boldsymbol{X}+\theta=0$ 就是一个超平面，所以神经元就是最简单的分类器。

虽然一个神经元只能实现简单的分类（即用超平面将空间一分为二），但是用多个神经元构成的神经网络就能够解决复杂的分类问题，如图8.4所示。

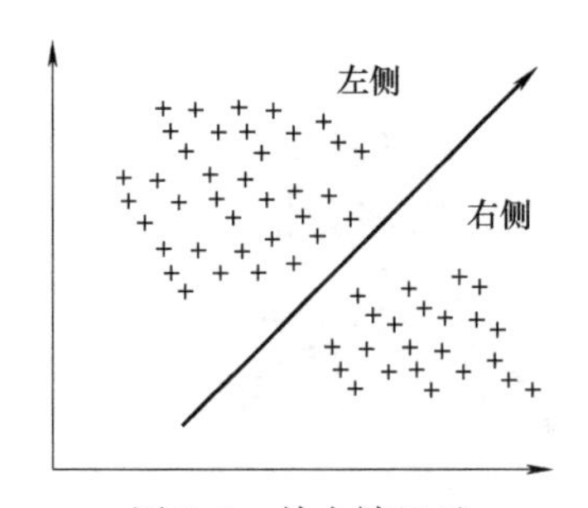

图8.3　单个神经元可实现的分类器

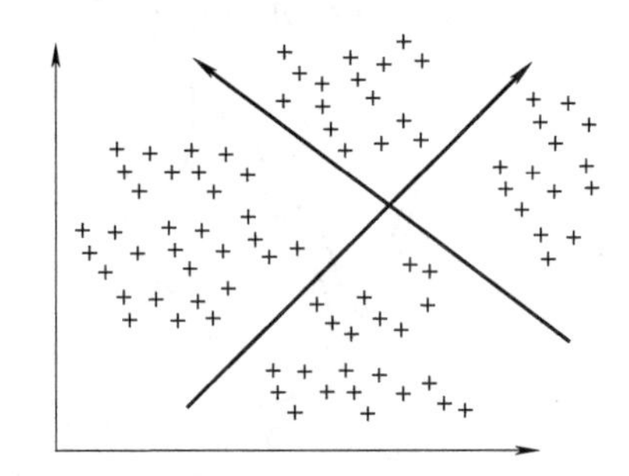

图8.4　两个神经元可实现的分类器

8.3　遗传算法

1975年，美国J. Holland教授提出了**遗传算法**（Genetic Algorithm，GA）。遗传算法模拟自然选择和自然遗传两个过程中发生的繁殖、交叉和基因突变等规律与现象，按适应度大小，从种群中选取适应度相对高的个体，基于选择、交叉和变异，进行个体繁殖，产生更新一代的种群。然后不断执行这个进化过程，直到满足某种收敛指标的个体出现为止。很明显，这个过程也是迭代过程。D. E. Goldberg于1989年总结归纳出了一套最基本的遗传算法，称为**基本遗传算法**（Simple Genetic Algorithm，SGA），算法过程明确清晰，可以作为其他遗传算法的参考。基本遗传算法的3个要素是编码方式、确定适应度函数和遗传算子。其中，算子还分为三种，即选择算子、交叉算子和变异算子。

下面首先介绍编码、适应度及交叉算子等概念，然后给出基本遗传算法的算法步骤和单变量极值问题的求解程序，最后通过一个应用实例进行说明。

遗传算法中所谓的**个体**是对生物个体的抽象，用由基因串构成的染色体描述其遗传特性，以适应度反映其个体的优良程度。对于一个具体的优化问题，要用遗传算法解决，必须首先要抽象出个体及其染色体。例如对于一个常见的优化问题 $\min\limits_{x\in[0,1]} f(x)$，该如何抽象出对应的个体？又如何描述其染色体？显然，0、1 之间的任何 x 值都可以看作是个体，将 x 看成是 64 位浮点数，则按照 IEEE 关于浮点数的定义，x 自然对应一个 64 位的二进制数，这个数对应的二进制串（例如形如 1000101110110101…000111）就是 x 的染色体，其中的每一个二进制位可看作一个基因。

定义 8.1 给定一个优化问题，将优化问题的解空间抽象（映射）为遗传算法的解空间，这个过程称为**编码**，其逆过程称为**解码**。从数学的角度看，编码就是一个函数，解码是其反函数，参考图 8.5。

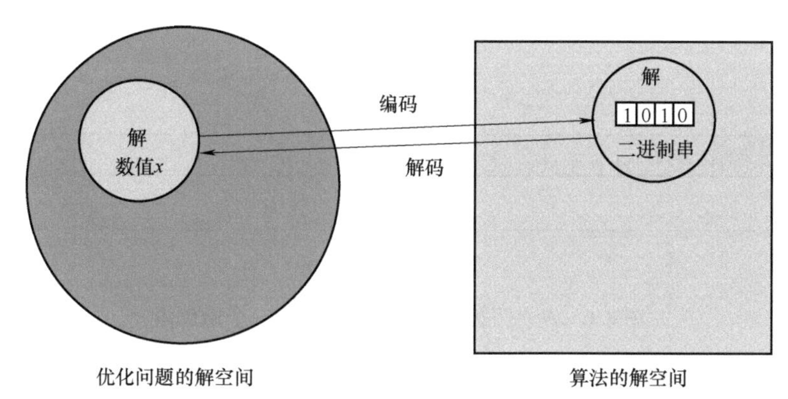

图 8.5 编码与解码

遗传算法中的所有可能的个体构成了其解空间，通常用一个固定长度的二进制串表示个体的染色体。基本遗传算法使用二进制串进行编码，其优点是简化了交叉和变异的实现。实际上，也可以用其他形式实现编码，例如对于 n 个城市的旅行商问题，假设每个城市对应一个序号 i，$1\leqslant i\leqslant n$，由于任何一种遍历 n 个城市的方式都唯一对应一个 1 到 n 序号的一个排列，所以对于旅行商问题，所谓“个体”就是 n 个城市序号的一个排列，这 n 个城市的一个序号串就是染色体。显然，对于一个具体的优化问题，编码并非是唯一的。一般情况下，如果优化问题的解空间是连续的，考虑用二进制编码。

确定了编码方式后，在遗传算法中的个体繁殖之前，一般先以随机方式生成有一定规模的个体。例如对于优化问题 $\min\limits_{x\in[0,1]} f(x)$，随机生成 0、1 之间的一批个体 $\{x_i\}$，作为初始的个体群（可以类比为初始解集），用于后续的交叉和变异。这批个体的规模 M 如何计算？没有一个通用的方法用于估算这个规模，只能是具体问题具体分析，一般 M 的取值范围为 10 到 200。对于 $\min\limits_{x\in[0,1]} f(x)$，假设 $f(x)$ 局部极值点个数不多于 m 个，则在求解该问题的遗传算法中，初始个体群规模可控制在（$10\times m$）个左右。

定义 8.2 在遗传算法的初始化阶段，采用随机方法生成若干个个体的集合，该集合称为**初始种群**。初始种群中个体的数量 M 称为**种群规模**。

在自然界中，个体越优良则繁殖的机会越大。在遗传算法中，为定量计算个体的繁殖机会大小，引入适应度用于模拟个体的优良程度。

定义 8.3 在遗传算法中，**适应度**（Fitness）是个体的优良程度，适应度越大个体越优良。计算个体适应度的相关函数称为**适应度函数**。

下面举例说明适应度在具体应用中如何计算。对于线材优化下料问题，比如标准线材长度为 L，要求裁剪出 m 种长度为 l_i 的线材各 n_i 根，$i=1, 2, \cdots, m$，如何下料使余料最少。此优化问题不能简单地用二进制串实现编码。记 $N=\sum_{i=1}^{m} n_i$，考虑 N 个下标的一个排序 P（其中下标 i 有 n_i 个，$i=1, 2, \cdots, m$），这样的一个排序 P 可以看作是一个染色体，对应一个个体（解）。为计算个体 P 的适应度，设想将排序 P 对应的线材依次排列在连续放置的标准线材上，要求同一根线材只能完整地位于一个标准线材之内，如图 8.6 所示。假设共使用了 k 根标准线材，则对应 P 的适应度可定义为 $1/k$。

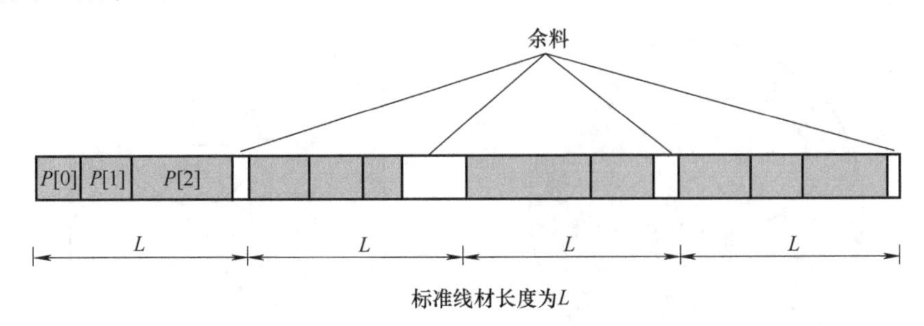

图 8.6　N 个下标的一个排序 P 对应一个染色体

遗传算法使用**选择算子**来实现对群体中的个体进行优胜劣汰操作。选择算子的目的是实现适应度高的个体被遗传到下一代群体中的概率大，适应度低的个体被遗传到下一代群体中的概率小。选择操作的具体实现方法就是按某种规则从父代群体中选取一些个体参与种群的繁殖。基本遗传算法采用**轮盘赌**的方式实现选择算子，其基本实现思想是：个体被选中的概率与其适应度函数值大小成正比。设种群规模大小为 M，个体 i 的适应度为 F_i，则个体 i 被选中遗传到下一代种群的概率为

$$f_i=\frac{F_i}{\sum_{j=1}^{M} F_j}$$

轮盘赌选择方法的实现步骤：

1）计算种群中所有个体的适应度函数值 F_i；

2）计算每个个体被选中的概率 f_i；

3）采用模拟赌盘操作（即生成 0 到 1 之间的随机数与每个个体遗传到下一代种群的概率进行匹配）来确定各个个体是否遗传到下一代种群中。参考图 8.7，将父代种群中的所有个体排在扇形区域内，个体 i 所占扇形的圆心角为 $f_i\times 2\pi$，于是所有扇形刚好合成一个圆。具体选择过程见算法 8.1。

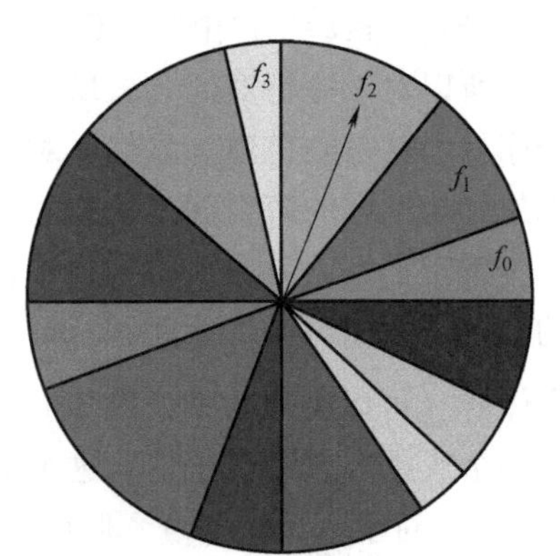

图 8.7　轮盘赌

算法 8.1　选择（Select）算子

```
Input:父代个体数组 Pi,个体遗传概率数组 fi,i 从 1 到 M,M 为种群规模
Output:被选中作为交叉的个体数组 Qi
```

```
Begin
    S1 = f1
    For i←2 to M,do
        S1 = S1-1 + fi
    End For
    For i←1 to M,do
        生成一个 0 到 1 之间的随机数 r
        For j =1 to M,do
            If r < Sj,then
                Break
            End If
        End For
        Qi←Pj
    End For
End
```

注意在算法 8.1 中，Q_i 就是某个父个体 P_i 的复制，所以 Q_i 数组中可能有相同的个体。另外，Q_i 的规模也是 M。从父代种群中选择出的个体 Q_i 将在下一步中完成交叉运算。

定义 8.4　一个种群中并非所有个体都参与繁殖过程，**交叉概率** P_c 是指种群中个体参与交叉过程的概率。假设种群规模是 100，其中有 90 个个体参与了繁殖过程，则**交叉概率** $P_c=0.9$。所谓**交叉运算**是指对两个相互配对的染色体依据**交叉概率** P_c 按某种方式相互交换其部分基因，从而形成两个新个体的过程。

交叉运算是遗传算法区别于其他进化算法的最重要特性，它在遗传算法中起决定作用，是产生新个体（解）的关键方法。在基本遗传算法中，采用**单点交叉法**实现交叉算子。单点交叉是指在两个个体的染色体基因串中随机确定一个位置，将各染色体分成两部分，并交换其中的一部分。举例说明单点交叉运算。

交叉前：

染色体 1：00000 | 01110000000010000

染色体 2：11100 | 00000111111000101

交叉后：

染色体 1：00000 | 00000111111000101

染色体 2：11100 | 01110000000010000

算法 8.2　交叉（Crossover）算子

```
Input:被选中作为交叉的个体数组 Qi,交叉概率 Pc,i 从 1 到 M,M 为种群规模
Output:完成交叉的个体数组 Ri
Begin
    For i←1 to M,do
```

```
        生成一个 0 到 1 之间的随机数 r
        If r < Pc, then // 交叉
            从个体数组 Qi 中随机取一个个体 Qj
            Qi 和 Qj 做单点交叉生成后代个体 Qoffspring
            Ri ← Qoffspring
        Else
            Ri ← Qi // 未交叉
        End If
    End For
End
```

经过选择、交叉算子处理之后，父代种群$\{P_i\}\rightarrow\{Q_i\}\rightarrow\{R_i\}$，种群规模未变。下面通过变异算子处理种群 $\{R_i\}$，最终生成后代种群。

定义 8.5 对于用二进制串表示的染色体，其基因串上的某个基因取反（即 1 变 0，0 变 1）就是**基因变异**。**变异概率** P_m 是指种群中每个个体的各基因发生基因变异的概率。**变异算子**是指对种群中的每个个体的各基因，依据变异概率 P_m 进行基因变异，从而形成新个体的过程。

算法 8.3 变异（Mutation）算子

```
Input:已完成交叉的个体数组 Ri,变异概率 Pm,i 从 1 到 M,M 为种群规模,K 为个体的基因总数
Output:完成变异的个体数组 Ri
Begin
    For i ← 1 to M, do
        For j ← 1 to K, do
            生成一个 0 到 1 之间的随机数 r
            If r < Pm, then // 变异
                将 Ri 的第 j 个基因取反
            End If
        End For
    End For
End
```

相对于交叉运算，变异运算是遗传算法中产生新个体的次要方法，可使算法跳出局部极值点，从而提高遗传算法的局部搜索能力，同时保持种群的多样性。交叉运算和变异运算模拟生物繁殖过程，实现在解空间中的全局搜索和局部搜索。

遗传算法的主要运行参数：

1）种群规模 M，经验值为 10 ~ 200；

2）控制遗传算法终止的种群进化次数 max，经验值为 500；

3）交叉概率 P_c，经验值为 0.4 ~ 0.99；

4）变异概率 P_m，经验值为 0.0001 ~ 0.1。

下面通过算法 8.4 说明遗传算法的整体过程。

算法8.4 遗传算法

```
Input:M为种群规模,K为个体的基因总数,交叉概率Pc,变异概率Pm,适应度函数F,最大循环次数max
Output:个体数组Pi
Begin
    随机生成初始种群Pi,i从1到M
    For k←1 to max,do
        For i←1 to M,do
            计算每个个体的适应度Fi←F(Pi)
        End For
        For i←1 to M,do
            计算每个个体的选择概率fi←Fi/(F1+⋯+FM)
        End For
        调用选择算子Select(M, Pi, fi, Qi)生成个体数组Qi
        调用交叉算子Crossover(M, Qi, Pc, Ri)生成个体数组Ri
        调用变异算子Mutation(M, Ri, Pm, K)更新个体数组Ri
        For i←1 to M,do
            Pi←Ri
        End For
        If 满足收敛条件,then
            Return Success
        End If
    End For
    Return Error
End
```

种群规模、选择操作、交叉概率和变异概率等参数直接决定算法的收敛性：

(1) 种群规模　如果种群规模太小，就不能提供足够良好的个体基因，导致算法收敛速度慢；如果种群规模过大，虽然增加了具有优良基因的个体，但也会影响收敛速度。

(2) 选择操作　选择操作使高适应度个体有更大的生存概率，从而提高遗传算法的全局收敛性。在遗传算法中，保存最优个体（解）的含义是将父代群体中适应度最大个体保留下来，直接转为下一代个体，可提高遗传算法的收敛速度。

(3) 交叉概率　交叉算子作用于个体对，产生新的个体，等价于在解空间中进行搜索，得到新的解。如果交叉概率太大，种群中个体的基因更新就很快，造成适应度大的个体基因很快被淘汰；如果交叉概率太小，交叉运算频率就会降低，最终可能导致遗传算法不收敛。因此，交叉概率取值要适中。

(4) 变异概率　变异操作是对个体基因的扰动，可以增加种群的个体多样性。如果变异概率过小，种群的基因多样性就低，难于得到全局最优解；如果变异概率过大，优良个体的基因不易保持。

下面给出遗传算法的代码，用于求解单变量函数$f(x)$在区间$[0,1]$中的极值问题$\min\limits_{x\in[0,1]} f(x)$：

程序示例 8.1　用遗传算法求解单变量极值问题

```
double rand01 ()
{
    return ((double)rand()/RAND_MAX);
}

double gaSelect(int n,double (* xs)[3]) // 按轮盘赌方法随机选出一个个体,n 是个体总数,xs 数组是个体信息
{
    double p = rand01(),c =0.;
    for( int i =0; i < n; i + + )
    {
        c + =xs[i][1];
        if(p < c )
            return xs[i][0]; // 返回个体索引号
        }

        return xs[n -1][0]; // 返回个体索引号
}

void gaCrossover(double as[2],double pc) // 两个个体染色体交叉,输入两个个体及交叉概率,输出两个新个体
{
    if( rand01() < pc )
    {
        _int64* x1 = (_int64* )&(as[0]); // 父代 1
        _int64* x2 = (_int64* )&(as[1]); // 父代 2
        _int64 s = (_int64)(rand01()* 64); // 取单点交叉点
        for( _int64 i =0,m =1; i < 64; i + +,m < < =1 )
        {
            if( i > =s && (x1[0]&m) ! =(x2[0]&m) ) // x1[0]和 x2[0]的第 i 位不同
            {
                x1[0] ^ =m; // 相当于取 x2[0]的第 i 位
                x2[0] ^ =m; // 相当于取 x1[0]的第 i 位
            }
        }
    }
}

void gaMutate(double& x,double pm) // 个体变异,输入一个个体及变异概率,输出新个体
{
    _int64* p = (_int64* )&x; // 父代
```

```
    for( _int64 i =0,m =1; i < 63; i + +,m < < =1 )
    {
            if( rand01() < pm ) // 变异
               p[0] ^ =m; // x 的第 i 位取反
    }
}

// 用遗传算法求:min f(x),假设函数 f(x)的定义域为[0,1],并且 f(x) > =0,
// 输入函数 f(x),交叉概率为 pc,变异概率为 pm,初始种群 n,最多迭代 max 次
// 输出函数的近似极值点 x 和对应的近似极小值 min
int gaMin2(double (* f)(double x),double pc,double pm,int n,int max,double&
x,double& min)
{
    int i,j,k;
    double (* xs)[3] =NULL,ff,dd,as[2];

    if( f = =NULL ||
       pc <0. ||
       pm <0. ||
       n <1 )
       return 0; // 返回错误

    // 创建初始种群
    xs =new double[n][3]; // xs[i][0]是旧个体,xs[i][1]是 x[i][0]的适应度值,xs
[i][2]是新个体
    for( j =0; j < n; j + + )
       xs[j][0] =rand01();

    for( i =0; i < max; i + + )
    {
       for( dd =0.,j =0; j < n; j + + ) // 对每个后代个体计算适应度,并取其中最大的
       {
          xs[j][1] =f(xs[j][0]);
          if( dd < xs[j][1] )
             dd =xs[j][1];
       }
       for( ff =0.,j =0; j < n; j + + )
       {
          xs[j][1] =dd -xs[j][1];
          ff + =xs[j][1];
       }
       if( ff < 1.e -50 )
          break;
```

```
        for( j =0; j < n; j + + ) // 对每个后代个体
            xs[j][1] / =ff;

        for( j =0; j < n; j + + ) // 繁殖两个新个体
        {
            as[0] =gaSelect(n,xs);
            as[1] =gaSelect(n,xs);
            gaCross(as,pc);
            gaMutate(as[0],pm);
            gaMutate(as[1],pm);
            k =f(as[0]) <f(as[1])? 0:1; // 保留一个适应度好的
            if( as[k] < 0. ||
                  as[k] > 1. )
                  as[k] =rand01();
            xs[j][2] =as[k];
        }

        for( j =0; j < n; j + + ) // 更新
              xs[j][0] =xs[j][2];
    }
    x =xs[0][0];
    min =f(x);
    for( j =1; j < n; j + + ) // 从最后一代中选一个最优的个体
    {
        ff =f(xs[j][0]);
        if( min > ff )
        {
            min =ff;
            x =xs[j][0];
        }
    }
    delete []xs;

    return 1;
}

double f(double x)
{
      return 25 +9* x +10* sin(45* x) +7* cos(36* x);
}

int main()
{
    double pc =0.9,pm =0.01,x,min;
```

```
    gaMin2(f,pc,pm,100,100,x,min);
    return 0;
}
```

【例8.1】 用程序示例8.1求解 $\min\limits_{x\in[0,1]} f(x)$，其中 $f(x)=25+9x+10\sin(45x)+7\cos(36x)$，取交叉概率为0.95，变异概率为0.01，种群规模为100，限定最大迭代次数为100，得到近似极小值点 $x_0=0.099080438$ 及近似极小值 $f(x_0)=9.8355979$。函数 $f(x)$ 的图像如图8.8所示。

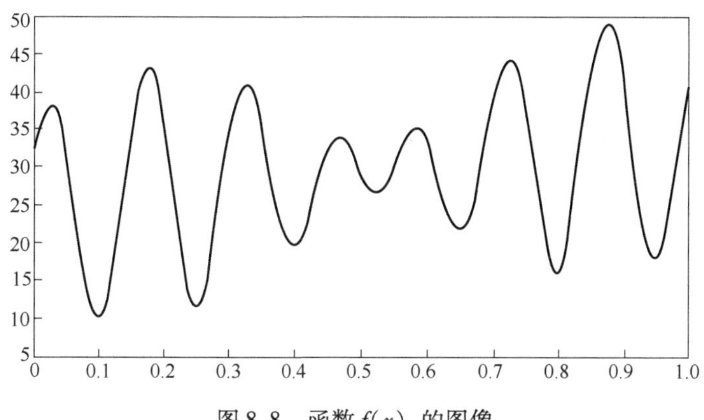

图8.8　函数 $f(x)$ 的图像

综上所述，从生物学的角度看，遗传算法的本质是通过选择算子将当前种群中的优良特性遗传到下一代种群中，利用交叉算子进行特性重组，利用变异算子丰富种群多样性。通过这些遗传过程，使种群逐步向优良的方向进化，最终得到问题的优化解。所以，遗传算法模拟生物的选择和遗传机制，实现了具有随机性的优化搜索。

8.4　粒子群算法

粒子群算法（Partical Swarm Optimization，PSO）是一种进化算法（Evolutionary computation），由Eberhart和Kennedy博士于1995年发明。系统初始构造一组随机解（即粒子群），通过跟踪最优解实现迭代搜索。与遗传算法不同，PSO算法没有利用交叉和变异。标准PSO算法模拟鸟群的捕食行为：假设鸟群随机搜索食物，而区域里只有一块食物，所有鸟都不知道食物的具体位置，只知道当前位置离食物的距离，鸟群的捕食策略是在当前离食物最近的鸟周围搜索。在PSO算法中，优化问题的解对应搜索空间中的鸟，在算法中称为“粒子”。

粒子的属性有：当前位置、当前速度、经历过的最好位置和当前适应度，通过跟踪两个“极值”位置来更新自己的状态参数（见图8.9）：一个位置是粒子本身到目前为止曾经找到的最优位置，此极值位置记

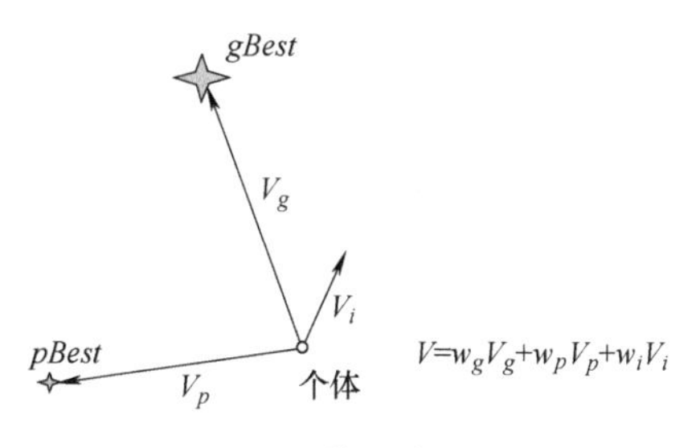

图8.9　个体的合成速度

作 *pBest*；另一个位置是整个种群目前找到的最优位置，此极值位置记作 *gBest*。

粒子位置更新公式：

$$\boldsymbol{v}=w\boldsymbol{v}+c_1r_1(\boldsymbol{pBest}-\boldsymbol{p})+c_2r_2(\boldsymbol{gBest}-\boldsymbol{p}) \tag{8.1}$$

$$\boldsymbol{p}=\boldsymbol{p}+\boldsymbol{v} \tag{8.2}$$

其中矢量 $\boldsymbol{v}$ 是粒子的当前速度，标量 w 是权重值，矢量 $\boldsymbol{p}$ 是粒子当前位置，r_1，r_2 是区间 [0, 1] 的随机数，标量 c_1，c_2 是学习因子（一般可取2）。

算法 8.5 PSO 算法

```
Input:粒子群规模 n,收敛容差 ε>0,最大循环次数 max,根据位置计算适应度的函数 f(p)
Output:gBest 全局最好位置,gF 是 gBest 对应的适应度
Begin
    分配 n 个粒子的内存空间:p1,p2,…,pn;
    (粒子的参数包括当前位置 p、当前速度 v、pBest、当前适应度 f)
    For i from 1 to n do // 初始化粒子和 gF、gBest
        初始化 pi 位置和速度
        将 pi 的位置赋值给 pi 的 pBest
        用 f(p)计算 pi 的 pBest 对应的适应度

        If i = =1,then
            gBest←pi 的 pBest
            gF←pi 的适应度 f;
        End If
        Else
        If gF < pi 的适应度 f
            gF←pi 的适应度 f
            gBest←pi 的 pBest
        End If
    End For

    For j from 1 to max do
        For i =1 to n do // 更新粒子的速度位置及 gF 和 gBest
            更新 pi 的速度和位置 // 用式(8.1)和式(8.2)
            用 f(p)计算 pi 在当前位置上的适应度
            更新 pi 的 pBest 及 pBest 对应的适应度
            If gF < pi 的适应度 f
                gF←pi 的适应度 f
                gBest←pi 的 pBest
            End If
        End For
        convergence←True
        For i =1 to n do // 检查是否收敛
```

```
            If pi 的位置与 gBest 的距离 > ε
                convergence←False
                Break
            End If
        End For
        If convergence = =True,then
            释放粒子群的内存空间
            Return Success
        End If
    End For
    释放粒子群的内存空间
    Return Error
End
```

PSO 算法的一个优点是采用实数编码较为简单，而遗传算法一般用二进制编码需要转换，另一个优点是 PSO 算法中需要调节的参数较少。通常粒子数一般取 50 左右。

下面给出用 PSO 算法求解 $\min_{x,y \in [0,1]} f(x,y)$ 极小值的程序代码。

程序示例 8.2　用 PSO 算法求解双变量极值问题

```
#define rand01() ((double)rand()/RAND_MAX)
#define res01(d) (d<0? 0:(d>1? 1:d))

typedef struct _antANT; // 粒子
struct _ant
{
    double pos[2]; // 粒子当前的位置
    double v[2]; // 粒子当前的速度
    double pBest[2]; // 粒子当前的 pBest
    double f; // f=f(pBest[0],pBest[1])
};

void antInit(ANT&ant,doublemaxV) // 粒子初始化
{
    ant.pos[0]=rand01();
    ant.pos[1]=rand01();
    double x=rand01();
    double y=rand01();
    double r=sqrt(x* x+y* y);
    if( r < 1.e-10 )
    {
        x=1.;
```

```
        y =0. ;
        r =1. ;
    }
    ant. v[0] =maxV* x/r;
    ant. v[1] =maxV* y/r;
    ant. f =1. e50;
}

void antUpdateF(ANT&ant,double (* f)(double x,double y)) // 更新粒子的 pBest
{
    double d =f(ant. pos[0],ant. pos[1]);
    if( ant. f > d )
    {
        memcpy(ant. pBest,ant. pos,sizeof(double[2]));
        ant. f =d;
    }
}

void antUpdatePos(ANT&ant,doublew,doublec1,doublec2,doublegBest[2]) // 更
新粒子的位置
{
    double r1 =rand01();
    double r2 =rand01();
    for( int k =0; k < 2; k + + )
    {
        ant. v[k] =w* ant. v[k] +c1* r1* (ant. pBest[k] -ant. pos[k]) +c2* r2*
(gBest[k] -ant. pos[k]);
        ant. pos[k] + =ant. v[k];
        ant. pos[0] =res01(ant. pos[0]); // 限制在[0,1]
        ant. pos[1] =res01(ant. pos[1]); // 限制在[0,1]
    }
}

void antsUpdateB(intn,ANT* ants,double&gF,doublegBest[2])
{
    for( int i =0; i < n; i + + )
    {
        if( gF > ants[i]. f )
        {
            memcpy(gBest,ants[i]. pBest,sizeof(double[2]));
            gF =ants[i]. f;
```

```
        }
    }
}

int antsConverge(intn,ANT* ants,doublegBest[2],doublee) // 返回1=收敛,0=不收敛
{
    for( int i=0; i < n; i++ )
    {
        if( fabs(ants[i].pos[0]-gBest[0]) > e ||
            fabs(ants[i].pos[1]-gBest[1]) > e )
            return 0; //迭代发散
    }
    return 1; // 迭代收敛
}

// 求min f(x,y),其中f(x,y)>=0,定义域为[0,1]x[0,1]
// 输入n为粒子规模,输入PSO参数w,c1,c2,maxV是最大速度,max是最大迭代次数,e是容差
// 输出为最优的位置gBest
int pso(double (* f)(double x,double y),intn,doublew,doublec1,doublec2,doublemaxV,intmax,doublee,doublegBest[2])
{
    int i,j;
    double gF=1.e50;
    ANT* ants=NULL;

    ants=newANT[n];
    for( i=0; i < n; i++ ) // 初始化粒子群
    {
        antInit(ants[i],maxV);
        antUpdateF(ants[i],f);
    }
    antsUpdateB(n,ants,gF,gBest); // 得到初始的gBest和gF

    for( j=0; j < max; j++ ) // 迭代
    {
        for( i=0; i < n; i++ ) // 对每个粒子
        {
            antUpdatePos(ants[i],w,c1,c2,gBest); // 更新粒子的速度、位置
            antUpdateF(ants[i],f); // 更新粒子的pBest和f值
        }
```

```
        antsUpdateB(n,ants,gF,gBest); // 更新 gF 和 gBest
        if( antsConverge(n,ants,gBest,e) ==1 ) // 如果收敛
            break; // 停止迭代
    }
    delete []ants;

    return 1;
}
```

【例 8.2】 利用程序示例 8.2 求 $\min\limits_{x,y\in[0,1]} f(x,y)$，其中 $f(x,y)=100(0.5y-x^2)^2+(x-0.5)^2$。取粒子群规模 $n=100$，权重值 $w=1$，学习因子 $c_1=0.5$ 和 $c_2=0.5$，初始速度 $\max V=10^{-8}$，$\varepsilon=10^{-6}$ 为收敛容差，max = 10000 为最多迭代次数，迭代得到近似极小值点为（0.5001，0.5002），极值为 1.488×10^{-8}。

8.5 模拟退火算法

退火是一种金属热处理工艺：将金属加热到一定温度，保持足够时间，然后以适当速度冷却，目的是改善工件的塑性和韧性，使其化学成分均匀化，去除残余应力。不同于淬火，退火使金属内能趋于最小，韧性强。当温度升高时，物体内部分子内能逐渐增大，其运动趋于无序状态；而缓慢冷却时，分子渐趋有序，并呈现一定的空间结构，在每个温度阶段都达到平衡态。最后达到常温状态时，物体内能变为最小。美国物理学家 N. Metropolis 等人 1953 年发表了一篇研究复杂系统的论文，提出了 Metropolis 准则，该准则揭示了退火现象的物理规律。在此基础上，物理学家 S. Kirkpatrick 等人 1983 年提出了模拟退火算法。

Metropolis 准则：系统在状态 x_{old} 时受到干扰变为状态 x_{new}，其能量也从 E_{old} 变为 E_{new}，则系统从状态 x_{old} 变为 x_{new} 的接收概率 p 为

$$p=\begin{cases}1, & E_{\text{new}}\leqslant E_{\text{old}}\\ \mathrm{e}^{-\Delta E/(kT)}, & E_{\text{new}}>E_{\text{old}}\end{cases}\tag{8.3}$$

$\Delta E=E_{\text{new}}-E_{\text{old}}$ 为能量的改变量，k 为玻尔兹曼（Boltzmann）常数，T 为温度。准则里所谓的接收概率 p 是指：系统从当前状态 x_{old} 要变为新的状态 x_{new}，不是百分之百都能变到状态 x_{new} 的，系统能够变到状态 x_{new} 概率称为接收概率，这个概率主要与能量增量、温度参数有关。

基于这个准则，**模拟退火**（Simulated Annealing Algorithm）算法作为局部搜索算法的扩展，在每一次搜索解的过程中，记当前解为 x_{old}，随机产生一个新解 x_{new}，然后以一定的概率选择新解 x_{new}。这种按概率接受新解的方式使其成为一种全局优化算法，如图 8.10 所示。对于具体的实际问题，系统的状态和能量有不同的含义，假如与遗传算法比较，模拟退火算法的系统状态对应染色体，系统能量对应适应度。

算法 8.6　模拟退火算法

```
Input:初始温度 T0,最低温度 min,降温系数 cooling,能量计算函数 E(x)
Output:优化解 x_old
Begin
    t←T0
    随机生成一个初始解 x_old
    计算初始能量 E_old←E(x_old)
    While t >min,do
        依据 x_old 随机生成一个新解 x_new // 在 x_old“附近”随机生成新解 x_new
        计算新解能量 E_new←E(x_new)
        dE←E_new - E_old
        r←生成 0 到 1 之间一个随机数
        If dE < 0 Or r < exp(-dE/t),then // 更新
            x_old←x_new
            E_old←E_new
        End If
        t←t* cooling // 降温
    End While
End
```

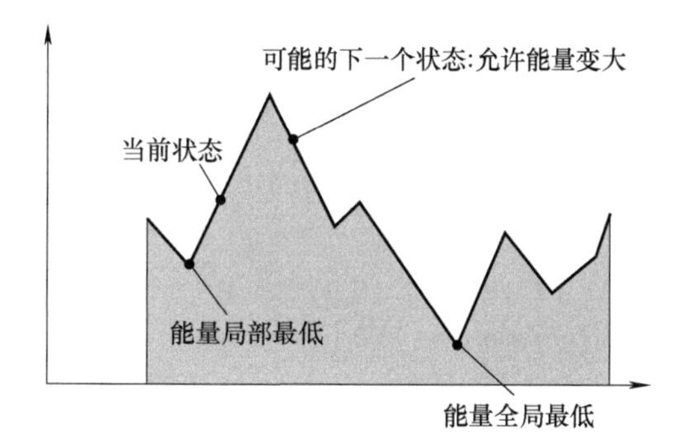

图 8.10　$\min f(x)$ 全局搜索策略

程序示例 8.3　用模拟退火算法求解 10 个城市的 TSP 问题

```
#define rand01() ((double)rand()/RAND_MAX)

double cityDistance(double city1[2],double city2[2]) // 计算两个城市的距离,城市用(x,y)坐标表示
{
    double dx =city1[0] - city2[0];
    double dy =city1[1] - city2[1];
    return sqrt(dx* dx +dy* dy);
}
```

```
double pathDistance(int x[10],double cities[10][2]) // 计算路径的总长度,路径就是城市索引构成的数组
{
    double d=0.;
    for(int i=1; i < 10; i++)
        d +=cityDistance(cities[x[i-1]],cities[x[i]]);
    return d;
}

void pathInit(int x[10]) // 随机产生一个初始解,假定路径中第一个城市索引总是0
{
    int i,j,temp;

    for( i=0; i < 10; i++ )
        x[i]=i;
    for( i=1; i < 8; i++ )
    {
        j=rand()% (9-i)+i+1;
        temp=x[i];
        x[i]=x[j];
        x[j]=temp;
    }
}

void pathChn(int oldX[10],int newX[10]) // 随机对调原有解中两个值,得到一个新的解
{
    int i=rand()% 8+1; // be in [1,9]
    int j=rand()% 8+1; // be in [1,9]
    if( i ==j )
        j=(i+1)<10? (i+1):1;
    memcpy(newX,oldX,sizeof(int)* 10);
    newX[i]=oldX[j];
    newX[j]=oldX[i];
}

// 模拟退火算法,输入10城市的x,y坐标数组cities,输出优化路径x:10个城市索引构成的数组
void SA(double cities[10][2],int x[10])
{
    int p[10]; // p为一个新的路径
    double t=1000.,d,dD,cooling=0.999,min=0.0001;

    pathInit(x); // 随机产生一个初始解,即一个路径
```

```
    d = pathDistance(x,cities); // 计算该路径的总长度
    while(t > min) // 当当前温度还未降到最低温度时
    {
        pathChn(x,p); // 用随机的方法产生一个新的解
        dD = pathDistance(p,cities) - d; // 计算出能量差,即新、旧路径总长度的差
        if( dD < 0 || rand01() < exp( - dD/t) ) // 判断是否选择新的解
        {
            memcpy(x,p,sizeof(int)* 10);
            d + = dD;
        }
        t * = cooling; // 降温
    }
}

int main() // TSP 问题实例测试
{
    int i,x[10];
    double cities[10][2] = {{1,1},{9,9},{8,0},{3,1},{7,8},{8,1},{1,9},{1,
5},{8,5},{8,6}};
    SA(cities,x);

    return 1;
}
```

【例 8.3】 旅行商问题（TSP）：10 个城市坐标依次为 {(1, 1), (9, 9), (8, 0), (3, 1), (7, 8), (8, 1), (1, 9), (1, 5), (8, 5), (8, 6)}。利用程序示例 8.3 的代码进行优化，优化旅行路径为 {0, 3, 7, 6, 4, 1, 9, 8, 5, 2}，{} 内的数字为城市索引，索引 0 表示第一个城市。原始数据和优化结果如图 8.11 所示。

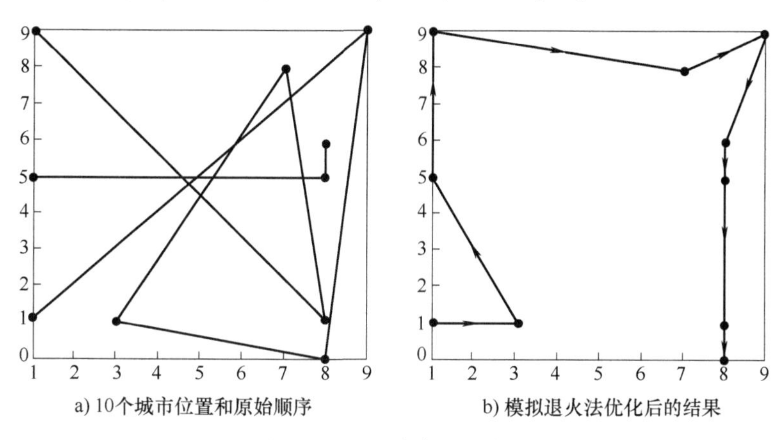

图 8.11　TSP 实例测试结果

8.6 总结

传统算法具有明确的输入、输出，以及确定性的处理步骤，其运行过程是“机械式”的。冒泡排序、一元二次方程求解、用二分法解非线性方程、牛顿迭代法等经典算法的优点是非常高效、精确、专用性强；缺点是局部收敛、通用性差，需要人工给出算法实现的每个细节、各种情况的处理方法。这类算法可能很复杂，却是“机械式”的，缺乏智能性。有些实际问题看似简单，但很难用传统算法处理，比如根据口腔的测量点云（百万规模的三维测量点集）判断出牙齿的数量。

启发式算法作为“智能性”算法的基础，具有传统算法不具备的全局收敛性、并行性等优点，其特点是非“机械式”的，即具有某种“智能性”。模拟退火算法的应用表明某种策略驱动的随机搜索就可以产生一定的“智能性”，遗传算法的指数型收敛源自于其算法中隐含的模式定理。启发式算法也存在如下问题：

1）不能保证得到最优解。

2）缺乏统一、坚实和完整的理论体系。

3）启发式算法中的控制参数对算法结果的影响非常大，没有简单的方法确定这些参数，一般需要结合实际问题反复进行试验和测试。

4）启发式算法的收敛条件不易给出。

练习题

1. 简述神经元 M-P 模型的基本原理。

2. 以求解 min $f(x)$ 的遗传算法为例，说明适应度的定义。

3. 给出 PSO 算法中速度、位置的更新公式。

4. 论述模拟退火法中的 Metropolis 准则。

5. 基于遗传算法实现一种通用的线材优化下料算法。已知某种线材有 3 种规格，其长度分别是 2m、4m 和 6m，需要下料 0.5m 长的 100 根、0.8m 长的 60 根、1.2m 长的 40 根、1.5m 长的 40 根、3.5m 长的 35 根、5.4m 长的 20 根，以及 5m 长的 10 根。求共需要 3 种规格的线材各多少根？要求废料尽量少。

6. 用遗传算法求解 8.5 节中例 8.3 的 TSP 问题。

参 考 文 献

［1］ 颜庆津. 数值分析［M］. 4版. 北京：北京航空航天大学出版社，2012.
［2］ 施妙根，顾丽珍. 科学和工程计算基础［M］. 北京：清华大学出版社，1999.
［3］ 王宜举，修乃华. 非线性最优化理论与方法［M］. 3版. 北京：科学出版社，2020.
［4］ 马昌凤. 最优化方法及其Matlab程序设计［M］. 北京：科学出版社，2015.
［5］ 吴微，周春光，梁艳春. 智能计算［M］. 北京：高等教育出版社，2009.
［6］ 许以超. 线性代数和矩阵论［M］. 2版. 北京：高等教育出版社，2008.
［7］ 虞言林，郝凤歧. 微分几何讲义［M］. 北京：高等教育出版社，1989.
［8］ PRESS W H，TEUKOLSKY S A，VETTERLING W T，et al. Numerical Recipes in C［M］. Cambridge：Cambridge university press，1992.
［9］ ALPAYDIN E. 机器学习导论［M］. 范明，译. 北京：机械工业出版社，2017.

参考文献